新疆农户质量认知
对其棉花生产行为影响研究

蒲 娟 余国新 著

中国农业出版社
北 京

　　本书的出版得到新疆维吾尔自治区天池英才引进计划、新疆维吾尔自治区高校基本科研业务费项目"高质量发展下新疆棉花产业组织模式优化与支持政策研究"（项目编号：XJEDU2022P033）联合资助。

　　新疆维吾尔自治区（以下简称"新疆"）作为中国的棉花主产区，截至 2020 年棉花产量连续 26 年稳居全国首位，疆棉占据不可忽视的重要地位。棉花产业是新疆农业经济的重要组成部分，它对乡村经济建设、解决广大棉农的生计问题、增加棉农收入意义重大。长期的棉花生产使得新疆棉花累积了诸多问题，譬如棉花品种多乱杂、一致性差、异性纤维污染严重、高品质棉花供给不足等，尤其棉花质量问题日趋严峻。在农业供给侧结构性改革背景下如何提升棉花质量是新疆棉花生产发展亟待解决的重要问题，也是缓解棉花供需结构性失衡的关键，更是实施质量兴农战略及推进新疆棉花生产供给侧结构性改革的必然选择。农户作为棉花生产主体，其生产行为与棉花质量的提升密切相关，因此，从棉花生产源头农户出发，树立其质量意识是提升棉花质量的重要途径。传统的棉花生产经营使得大多数农户以"衣分"和"产量"确定棉花质量，而忽略长度、马克隆值、断裂比强度等判断棉花质量的关键指标，这也使得农户对棉花质量的理解存在一定程度的认知偏差。而现阶段，新疆棉农的质量认知状况如何？农户质量认知对其棉花生产行为是否产生影响？哪些因素制约了农户棉花生产行为的发生？鉴于上述问题，本书在运用宏观数据分析新疆棉花生产及质量现状的基础上，结合实地调研的微观数据资料，了解农户对棉花质量的认知情况并深入剖析农户质量认知对其棉花生产行为的影响，以寻求增强新疆农户质量认知水平，优化新疆农户棉花生产行为，提升新疆棉花品质的具体措施。

　　本书是在笔者博士学位论文的基础上修改完成的，可供从事棉花生产、棉花产业，尤其从微观视角探究农户生产行为的研究生及教师作为研究及教学参考资料使用。全书共九章，第一、二章主要涉及绪论、概念界定与分析框架，其中绪论阐述了研究背景与研究意义、相关文献综述、研究内容、方法与技术路线图、研究区与数据搜集等，概念界定与分析框架主要阐述了棉花质量与品质、农户与棉农、农户质量认知与生产行为等概念，归纳总结了生产理论、社会认知理论等相关理论，并围绕"农户质量认知"和"棉花生产行为"建立本书的逻辑框架——新疆农户质量认知对其棉花生产行为影响的逻辑架构。第三章是新疆棉花生产及质量现状，结合宏观数据资料概述新疆棉花生长的自然环境、优势产区划分和棉花质量状况、存在问题及原因等。第四章是农户棉花质量认知影响因素分析，根据实地调查结果解析农户关于棉花质量认知的内容及其真实认知情况，着重探究不同棉区、规模异质性农户的棉花质量认知差异，选取多元有序 Logistic 回归模型实证检验影响农户棉花质量认知差异的主要因素。第五章是农户质量认知对其棉花生产行为感知影响的实证分析，从微观农户视域出发，基于农户质量认知差异，采用 FA-SEM 模型对"质量认知-生产环境感知-生产行为感知"分析框架进行实证，探析农户质量认知、环境感知与其棉花生产行为感知之间的内在关联。第六章是农户质量认知对其棉花生产技术采纳影响的实证分析，本章依据 SCP 理论构建"技术培训-农户认知-技术采纳"的结构方程理论模型，重点探究影响新疆棉农采纳棉花生产技术的关键因素。第七章是农户质量认知对其棉花生产组织模式选择影响的实证分析，通过构建"内因-外因"驱动的农业生产经营组织模式选择分析框架，探寻影响农户棉花生产组织模式选择的因素。第八章是优化农户棉花生产行为的政策建议，依据描述性统计和实证研究结果，结合当前国家政策形势及新疆棉花产业的发展优势，提出建立质量导向机制、实行质量兴棉战略、引导新疆棉农进行规模化生产、培育高素质棉农，科学管理棉田，以增强农户的棉花质量认知水平，优化农户棉花生产行为，促进新疆棉花质量提升的政策建议。第九章是结论与展望，以前文分析为基础，归纳研究结论，并对本研究进行展望。

特别感谢多年来提供帮助的各位老师、同门、同学、朋友及家人。感谢恩师余国新教授，本书是他悉心指导的结果，从选题、科学问题凝练、框架结构搭建、调查问卷设计、实地调研、撰写、修改至定稿都凝聚着导师的心血与汗水。感谢经济管理学院的刘维忠教授、刘国勇教授、夏咏教授、朱美玲教授、姚娟教授、布娲鹣·阿布拉教授、李红教授、热孜燕·瓦卡斯教授及公共管理学院（法学院）的刘新平教授、西北农林科技大学的孔荣教授、新疆大学的李金叶教授、石河子大学的张红丽教授、新疆财经大学的刘文翠教授等对我博士学位论文写作提出的宝贵意见，也感谢经济管理学院各位老师的帮助。

"生命不息，奋斗不止"，岁月漫长，未来可期，而拥有坚定的信念和强健的体魄是我们通往美好生活的前提。愿我们始终都能够保持坚定的信念，不忘初心，砥砺前行，努力追寻所向往的"诗"与"远方"。

蒲　娟

2023 年 7 月 1 日

● 目　　录 ●

第一章 绪 论

一、研究背景与研究意义

(一)研究背景

棉花被称为"纤维之王",是一种重要的商业作物,其生产具有世界意义。首先,它是世界重要的战略物资,关乎国家安全与稳定;其次,棉花生产为棉纺织工业提供原料基础,棉花制品是消费者日常生活中重要的消费品;再次,棉花产业为棉农带来了巨大的经济效益,保障了棉农生计[1-2]。同时棉花作为一种经济作物,其生产发展与棉花产业发展、农业经济发展息息相关,而农民作为棉花生产主体,棉花生产对农民收入的增加、农村经济的稳定与繁荣意义深远。长久以来,棉花的生产发展一直是学术界关注的焦点,围绕棉花领域的相关研究不计其数。在当前诸多研究的创新驱动下,棉花生产中部分问题虽得到有效解决,但棉花质量问题依旧是困扰棉花产业发展的难题。发达国家与发展中国家生产的棉花在质量上存在较大差异,其原因在于发展中国家棉花生产大多依据现有的自然资源展开,棉花机械化水平低,生产效率不高,棉纱和棉纺设备陈旧致使棉花生产工艺落后[3-4],棉花质量与国际标准差距明显,而发达国家大多推行大规模的机械化生产,植棉形式为家庭农场式,生产效率较高[2,5,6],棉花质量也相对较好,较为符合市场标准。我国作为棉花生产大国,在长期的棉花生产中累积了诸多问题,譬如棉花生产下降且风险增加、区域格局转变、库存压力剧增、国际地位下降等[7],尤其棉花质量问题突出。伴随当前农业供给侧结构性改革的全面推进,棉花质量的提升对满足棉纺织企业的高品质棉花需求、保持棉花价格稳定、棉花产业的发展意义深远。为稳定植棉面积,实现棉花产业的提质增效,我国于 2014 年提出在新疆开展棉花目标价格政策,同时结合当前农业供给侧结构性改革的背景,棉花生产供给侧结构性改革蓄势待发。棉花是产业链较长的农作物,棉花质量受生产环节农户、中间商及纺织加工企业等影响颇深。就供给主体而言,农户大多依据自身经验、生产习惯等进行棉花生产,通常更多关注"棉花产量"或"棉花衣分",忽视"棉花质量",日积月累逐渐形成了对棉花质量的认知偏差,致使不同品质的棉花供给与市场需求不匹配,造成大量中、低品质的棉花积压,进而引发高品质棉花供给与需求的结构性失衡问题。在当前质量兴农战略背景下，解决棉花供求结构性失衡问题的关键在于解决棉花质量问题，因而，从供给主体出发提升棉花品质，对实现棉农增收、提升棉花产业竞争力意义深远。学术界关于棉花生产的研究大多从影响棉花生产的外在因素展开，多关注中间商及纺织加工企业的行为，而忽视了深层次的供给主体——棉花种植户的行为对棉花质量的影响。作为棉花供给主体的农户对棉花质量的认知存在一定差异，这种认知差异作用于农户的棉花生产行为，进而影响棉花质量。因此，基于微观视域探究农户质量认知及其棉花生产行为，是从生产源头提升棉花质量、提高棉花生产效率的重要举措。总体来看，棉花质量问题虽得到研究者及相应政策制定者的广泛关注，但学术界从供给主体展开的研究尚不全面。

1. "良好棉花"倡议助力改善棉花质量

棉花是世界农业生产的重要构成，历史悠久且分布广泛，全球棉花种植区域主要分布在北纬40°至南纬30°之间的广阔地带，现已有70多个国家种植棉花，中国、美国、印度、巴基斯坦、巴西等是主要的棉花生产国[5,8-9]。棉花作为全球性贸易往来的农产品，受到世界各国的广泛关注，不同国家的棉花生产、消费等在一定程度上对别国的植棉生产产生一定影响。长久以来，棉花价格、进出口贸易及产业发展等问题是世界各国关注的热点。伴随经济全球化、世界贸易往来的与日俱增，棉花市场逐渐趋于国际化，由于各个国家的自然环境、植棉方式、生产标准、棉花加工、运输过程等存在差异，各国生产的棉花在产量、品质等方面也存在较大差别，尤其是棉花品质与市场需求的棉花品质标准之间也可能存在差距，由此产生的棉花质量问题也越来越受到世界各个棉花生产国家的重视。农户作为棉花生产经营者，提高棉花质量与其日常生产经营活动密切相关，一方面，农户个体行为会影响棉花质量，如生产环节农户的棉种选择、农药化肥等生产资料的投入、生产技术的采纳、棉花成熟期采摘方式的确定等；另一方面，农户组织行为的发生同样对棉花质量产生一定影响，如农户是否选择参与农业生产经营组织模式等。

可持续发展理念指出农业生产需要可持续的发展，而棉花生产的可持续，不仅需关注棉花的产量和品质等，还需注重生产者的健康安全。当前国际倡导以一种可持续的方式进行棉花生产，这与"良好棉花"倡议不谋而合。1997年，世界棉花大会首次提出"良好棉花"的生产理念，它倡导运用对人类和环境更安全的方法（如合理灌溉、农药化肥适量等）以可持续的方式进行棉花生产[10]，它的出现对于全球棉花生产而言，具有重要的意义。"良好棉花"的生产理念指出农户作为棉花生产者，既需要生产出品高、产量好的优质棉花，同时在整个棉花生产环节需更加关注生产者的健康，即以一种健康、安全及可持续的生产方式进行棉花生产，在不过度消耗劳动力和不破坏环境的基础上生产原生态的高品质棉花。"良好棉花"的生产理念有助于提高棉花质量，是农业生产可持续发展理念的延续。当前棉花质量问题是世界植棉国家亟待解决的重要问题，而"良好棉花"的生产理念则为其提供了较为长远的发展方向，因此"良好棉花"理念得到了美国、澳大利亚、巴西、中国、巴基斯坦、印度、哈萨克斯坦及多个非洲国家等的广泛认可，各国纷纷积极践行"良好棉花"倡议的各项准则。如澳大利亚的棉花种植重视保护环境和资源，但仅在水资源、农药化肥和环保等方面进行把控，在棉花的生产过程中严格管理土地耕种，在资源利用方面实行配额管理制度[11-15]；位于南亚的印度是一个较大程度依赖农业的国家[16]，也是仅次于中国的世界第二大棉花生产国[17-20]，棉花种植面积大但产量低，随着"良好棉花"倡议在印度的广泛推广，印度积极进行棉花品种的改良，使得棉花单产及植棉面积均有所提升[5-6,21-23]。

各国为促进本国经济发展，在进行棉花生产时采取了不同的措施，有的国家采取了调整种植结构的方式，如处于南美洲的巴西和中国的邻国巴基斯坦均采用两熟制，其中巴基斯坦还以麦棉连作为主搭配生产的方式进行农业生产活动[14,24-28]；有的国家通过制定宏观政策稳定棉花的种植面积，如中国实行棉花目标价格政策是以价格补贴的方式确保棉花种植面积的稳定，而乌兹别克斯坦则实行国家棉花采购政策，通过提高棉花价格的方式提升棉花产量和农场利润[29]；而将棉花作为农业生产重要构成部分的非洲，加入"良好棉花"倡议的马里、坦桑尼亚等国通过种植棉花为当地居民带来了收益，其中坦桑尼亚在2011—2012年成为全球第四大有机棉生产国，该国生产的有机棉约占全球有机棉产量的5%，棉花是其主要出口的经济作物之一[19,30]，马里棉花区则由于土壤养分和棉花价格的下降使其棉花种植面积直线下降[31-32]。

2. 我国棉花生产发展的现实诉求

棉花在我国的农业生产中占据重要地位，其中2020年植棉面积为3 168.91千公顷，在我国9类农作物中位居第六。我国作为棉花生产大国和消费大国，对世界农产品贸易的影响巨大。起初棉花是作为一种战略物资进行生产，但由于长期的供不应求，逐渐发展成为与国计民生密切相关的紧缺型农产品。我国棉花产业在发展过程中累积了诸多问题，如棉花品种多乱杂致使原棉品质下降、成本攀升、棉花市场供求不均衡、国内棉价高于国际棉价、棉农收益难以稳步上升等[33-34]。我国的棉花生产受国内市场和国际市场的双向影响[1]，一方面，部分农户的棉花种植片面追求单产高、衣分高，不重视棉种的内在品质，导致产出的棉花不仅细度偏粗、长度偏短且可纺性较差，棉花质量未能达到下游纺织工业的实际所需，因此，大多棉花纺织企业不惜高价从国外进口高品质棉花，以维持高档布料的生产，长此以往，国内棉花品质逐渐不能满足本国市场需求，市场占有率也逐渐下降[35]；另一方面，国产棉的内在品质与以美棉为代表的国际棉花品质差距显著，致使长期原棉积压，棉纺织品出口不畅[35-36]。虽然我国支持拓宽棉花生产区域，鼓励宜棉地区棉花产业的发展以缓解棉花供不应求的问题，但这并不能够从本质上解决棉花的供求问题。因此，现阶段如何提升棉花的质量是我国棉花产业亟待解决的重要问题。

棉花市场同样遵循市场经济规律，国家适时的政策调控对缓解棉花产业出现的矛盾、解决棉花供求不均衡问题无疑是雪中送炭。为保障我国棉花产业的发展，不同时期国家采取的政策措施各不相同，如成立"中储棉公司"、实施"配额管理"、按"滑准税"从量计征进口棉花关税、制定《棉花纤维品质评价方法》、实行临时收储政策、实施棉花目标价格政策等。伴随棉花目标价格政策的实施，我国当前的棉花种植面积比较稳定，棉花库存积压缓解，棉花质量问题得到改善，但实质上棉花质量问题依旧存在，并未完全实现农户的棉花生产供给与市场需求的匹配。中央1号文件是国家对农业领域进行宏观调控的体现，其中2017—2018年中央1号文件均强调提升农业发展质量，突出以农业供给侧结构性改革为主线，增强农业生产的创新力、竞争力和全要素生产率，实现农民增收及乡村振兴。尤其2018年中央1号文件指出实施"质量兴农战略"，深入推进农业"四化建设（绿色化、优质化、特色化、品牌化）"，引导农业由增产导向逐步地向提质导向转变。2019年的中央1号文件指出要在提质增效的基础上，巩固棉花的生产能力。2020年的中央1号文件指出要"完善新疆棉花目标价格政策"，推进棉花产业的发展。提高棉花质量需从供给主体农户入手，以确保棉花生产供给与市场需求的统一。长久以来，国家制定的一系列政策措施均是为稳定植棉面积、保障棉花产量，而忽略了提升棉花质量，相应措施虽在宏观层面促进了棉花产业的发展，但并未从根源上有效解决棉花质量问题。而农户作为供给主体是实现棉花质量提升的直接推动者，转变其生产方式，树立农户质量意识是从根源上破解棉花质量问题的有效途径。农业供给侧结构性改革推动了棉花供给侧结构性改革的全面展开，而棉花供给侧结构性改革是解决棉花质量问题的重要举措。

3. 新疆棉花质量提升的重要性

新疆地处我国西北边陲，是棉花种植面积较大的省份。2020年新疆植棉面积2 501.92千公顷，占全国植棉总面积的78.95%，产量516.08万吨，占全国棉花产量的87.32%。我国每年近2/3的棉花来自新疆，疆棉的重要地位对棉花产业的影响不言而喻，同时它对繁荣新疆经济的作用不容小觑。农业在新疆经济发展中占据重要地位，2020年新疆农业产值达到2 936.33亿元，占全疆农林牧渔业总值的68.04%，农作物播种面积6 282.61千公顷，其中棉花的播种面积占39.82%，棉花生产带来的经济收益是新疆农业经济发展的动力源泉。近年来，长江、黄河流域棉花种植面积急剧下降，植棉布局开始向新疆转移[9,34,37]，其棉花生产优势日益凸显[38]。新疆棉花生产虽有先天优势，但同样存在问题，如棉花品种繁多，品质大幅下降；疆棉与进口棉存在差距，棉花库存增多；植棉成本攀升，农户收益下降；各生产环节不匹配，机采棉品质不高等[38-39]。因此，解决棉花质量问题是当前新疆棉花生产面临的巨大挑战。

棉花质量的高低对棉花加工及纺织企业的影响颇深，其主要原因在于棉花质量将直接影响纱线性能[40]，因此，提高棉花质量对棉花产业的发展具有重要意义。新疆作为植棉面积较大的省份，其棉花质量的提升有助于缓解棉纺企业等对高品质棉花的需求、稳定国内棉花市场价格，同时对实现棉花产业的可持续发展均发挥重要作用。我国高度重视棉花质量的提升，尤其对疆棉的品质更为关注，2019年中央1号文件指出恢复新疆的优质棉生产基地建设，这既是国家对新疆棉花生产的肯定和期望，也是未来新疆生产优质棉花的动力。棉花质量问题的解决是一个长期过程，追根溯源其关键在于能否保持农户棉花种植的积极性，是否能够科学合理生产，最终能否增加棉农收益。农户作为生产主体对提升棉花质量发挥着不可忽视的作用，尤其是在棉花生产、收获期间等做出的管理决策对棉花质量的影响颇深[41]，但在实际的植棉过程中，由于农户对棉花质量认知存在局限性和对市场需求棉花质量的认知不足等，他们为了降低生产成本、增加产量、提高经济效益，通常会忽略对棉花生产环节质量的把控。鉴于此，探讨新疆农户质量认知对其棉花生产行为感知、技术采纳和棉花生产组织模式选择等棉花生产行为的影响尤为重要。本研究试图通过分析新疆农户的质量认知，找出提高农户质量认知水平的方案，着重分析农户质量认知对其棉花生产行为感知、棉花生产技术采纳及棉花生产组织模式选择的影响，从优化农户棉花生产行为的视角寻求提升棉花质量的方法。从农户视域探究提高新疆棉花质量的有效措施，这既是新疆棉花生产发展亟待解决的重要课题，也是新疆棉花生产供给侧结构性改革、建设优质棉生产基地的必经之路。

（二）研究意义

1. 理论意义

通过查阅国内外的大量相关文献资料，在归纳总结和领悟吸收现有棉花生产发展的相关理论、方法及成功经验的基础上，本研究充分考虑棉花生产的微观主体农户的主要特征，构建出契合新疆农户质量认知与其棉花生产行为的理论框架、方法体系，并依据采集到的大样本农户微观调研数据对新疆农户的棉花质量认知度、棉花生产行为及影响棉农生产行为的因素等进行了有效估计，为取得预期研究成果，根据新疆微观调研数据的基本情况及微观主体的行为特征，基于社会认知理论、农户行为理论等，系统全面分析供给主体棉农的供给行为，运用统计学与计量经济学的相关方法合理测度农户的棉花生产行为及影响因素，使得本研究在经验研究层面能够丰富现有文献，为其他棉花相关研究的开展提供可靠的理论依据。因此本研究有重要的学术应用价值，有利于不断完善和健全相关理论。

2. 现实意义

目前，我国棉花生产下滑，国际地位下降，棉花区域格局转变，生产风险增加，棉花库存压力增大，依旧存在供需结构性失衡，农户的有效供给并未满足当前市场需求，为增加农户收入，需寻求提升棉花质量、降低生产成本、提高效率的有效措施。同时新疆正值棉花生产供给侧结构性改革和建设新疆优质棉生产基地的关键时期，提升棉花品质、提高棉花生产效率是新疆棉花供给侧结构性改革的核心所在，在国际"良好棉花"与我国"供给侧结构性改革"及"质量兴农战略"背景下，转变棉农生产行为则是从源头上改善棉花质量、提高效率的重要举措。因此，本研究以新疆棉花生产的微观主体（农户）对棉花质量的认知为出发点，结合新疆棉花生产发展的现实情况，针对新疆农户对棉花质量认知的局限性、棉花生产技术采纳未形成规模效应、棉农的农业生产经营组织模式参与率不高等问题展开系统而深入的研究，不仅能够获得重要学术价值的原创性研究成果，同时该问题正是当前"质量兴农战略"背景下新疆棉花供给侧结构性改革、棉花生产发展急需解决的重要难题。毫无疑问，本研究所获得的相关研究成果将具有重要的政策启示和应用价值，一方面，能够为新疆棉花生产发展提供相应的指导思想和具体改革措施，另一方面，也为其他省份的棉花生产供给侧结构性改革提供切实可行的参考价值与借鉴依据。

二、相关文献综述

棉花是我国的主要经济作物之一，长期的棉花生产存在棉花品种杂、异性纤维严重、高品质棉花供给不足等问题，尤其棉花质量问题突出。面对棉纺企业、加工厂等对高品质棉花的强烈需求，我国的棉花产业发展面临巨大挑战。那么，在当前植棉环境下如何生产出优质棉花是现阶段我国棉花生产急需解决的关键问题。本书从棉花生产分布及质量问题、农户与棉农生产行为、农业生产经营组织、棉花供给侧结构性改革等方面进行文献梳理，为后续研究提供文献支持，旨从经济学角度为解决上述问题给予启发。

（一）棉花质量问题

我国棉花种植历史悠久，长期的棉花生产累积了诸多问题，总体上看，我国的棉花生产不仅受到国际棉花市场棉花流通体制和临储干预的不利影响，同时存在棉花生产机械化程度低、植棉成本渐增、农户的生产收益不稳定、棉花质量不高、棉花品质急剧下降、棉花品质不能满足纺织工业的需求[38,42]等问题。具体而言,我国棉花生产主要存在三个层面的问题:第一,在棉花生产环境方面,我国的棉田基础设施较差、农业技术推广滞后、棉花产业化经营发展缓慢;第二,在棉花生产管理方面,农户的棉花生产方式落后、劳动生产率低、成本高、存在较为严重的棉花病虫危害;第三,就棉花质量而言,原棉品质不高且类型单一、异性纤维污染且一致性差、低质棉供给过剩、优质棉供给不足[33,38,42-46]。新疆作为我国棉花主产区,棉花生产主要存在以下问题:一是棉花质量与其他国家存在差距、世界棉花市场占有率不高、国际竞争力下降;二是棉花品种研发滞后、经营规模较小、劳动生产率低、棉花收益不稳定、棉花生产质量下降;三是棉田生态环境问题严重、水资源紧缺、气象灾害较频繁、病虫害日趋严重;四是棉花标准与质量检测滞后、未形成棉纺优势;五是政策扶持力度不足等[47,48-49]。因此,新疆棉花产业发展需合理布局棉花生产,走优质高产低成本种植之路,科学制定和运用棉花市场价格,改革棉花流通体制和转变经营机制[50]。

棉花质量问题的产生是多种因素共同作用的结果,其中,各生产环节主体的行为对棉花质量的影响颇深。第一,就处于生产环节的农户而言,棉花生产初期,由于受生产技术、棉花品种等影响,种植户片面追求单产高、衣分高,注重产量而忽略棉花质量,尤其忽视棉花内在品质使得棉花细度、长度、可纺性等发生改变[35];第二,就棉花加工环节的加工企业而言,部分棉花加工企业按照棉花产区进行加工,将不同地区棉花混用从而影响棉花质量[51]。第三,从棉花市场流通环节来看,各国之间贸易往来的增加改变了我国的棉花交易市场,一定程度上对我国棉花质量产生了影响。随着世界经济的一体化,对外贸易往来增多,棉花市场受国内与国外市场共同作用,并且我国棉花与美棉、澳棉之间还存在一定差距,其棉花质量不符合市场需求标准,致使大量棉花积压,因此,为进一步增强我国棉花产业的竞争力,需不断提升棉花质量,以应对棉花市场竞争[52]。近年来,棉花纤维质量问题引起了广泛关注,其主要原因有以下两点:一是棉花质量对生产者的未来收益至关重要,尤其在棉花市场经济中,基础市场需要考虑不同品质棉花的相对供给[53],棉籽纤维的质量决定棉花作物最终用途和经济价值,从而决定了生产者和加工者的利润[54];二是人造合成纤维的出现及棉花纺织加工技术的进步等,促使棉花纺织、加工企业需收购高品质的棉花,以满足其生产需求[55]。

棉花的纤维品质是棉花生产管理中的重要目标,不同国家关于棉花纤维检测方法、棉花纤维分级方式等均有所差异,就美国和中国而言,二者也存在不同。在棉花纤维检测方法上,美国的棉花纤维检测方式为"人工检测+机器检测",即基于等级和仪器两种标准采用较为先进的方法及设备进行棉花纤维检测[56]，而中国的棉花纤维检测方式则由"人工检测"向全面的"机器检测"方向发展，伴随我国的棉花质量检验体制改革，棉花的质量检验方式也发生了相应变化：由"人工感官检验"逐步转变为全部采用"仪器化快速检验"。在棉花纤维的分级上，美国农业部的棉花分级主要包括纤维长度、长度整齐度、纤维强度、马克隆值、颜色、杂质、叶屑和外来杂物[56]，而中国则通过颜色级、长度、轧工质量、断裂比强度、长度整齐度指数等来评价棉花的纤维品质，其中最为关键的是纤维长度、断裂比强度、马克隆值等[57]。一般各国按照等级和长度对棉花进行分类，每一等级的棉花有不同的预期效用、价值和价格，通常较低等级的棉花纺纱效用低，对消费者的贡献小，反之高等级的棉花纺纱效用较高，对消费者的贡献较大[62]。各国无论采用何种棉花纤维检测方法及棉花分级方式，其目的均是为保障棉花生产及加工的顺利进行，以形成良好的棉花交易市场。

学者对影响棉花品质的因素各执己见，Raper Tyson B. 等指出环境因素对皮棉产量、皮棉率、马克隆值、长度和均匀度有显著影响[58]；孔杰表明灾害性天气、农户在生产中过于追求高产、对优质纤维关注不够、敞开收储政策的执行实际降低了对棉花品质质量的要求，进而影响棉花品质[59]；谢德意和王朝晖认为棉花品质一方面受遗传基因决定的内在因素影响，另一方面受气候、土壤、栽培管理、采摘、贮存、加工、运输、收购等外在因素制约[36,60]。由此可见，自然环境及棉花生产管理等外在因素对棉花纤维质量的影响是特定的[61]，但棉花品种的选择比其他任何因素都更为影响棉花质量[62]，表现在品种决定了皮棉产量，且在决定马克隆值和长度方面的作用较大[45]，因此生产者在选择品种时也需要重视纤维质量数据。

棉花作为一种非食用性农产品，其质量问题备受关注。"六五"期间我国首次提出发展"优质棉"的概念[45]，优质棉与普通棉花之间的明显区别在于经过加工处理后的优质棉织物具有更高的强度、更强的耐磨性、更大的弹性及更柔软的手感，其成品价格也相对较高[63]。为稳定新疆的植棉面积，2014 年我国开始在新疆试点棉花目标价格改革，若依旧按"老三高"的思路进行棉花生产已不能适应当前棉花市场对高品质棉花的需求[64]，农户需要转变棉花生产方式，依据市场需求进行棉花生产。同时为优化棉花质量，我国在转基因抗虫棉、现代分子育种体系、品种高效应用保障技术等方面加大科研投入，并取得了较大成效，但棉花生产依旧存在总量不足、黄萎病危害和新成灾害虫加重等问题，为此喻树迅指出我国棉花生产应向"五化（规模化、机械化、信息化、智能化和服务社会化）"发展，以实现"快乐植棉"[43]。"快乐植棉"主张在提高棉花产量的同时注重提高棉花质量，与国际上"良好棉花"倡议及我国棉花供给侧结构性改革的宗旨一致。

（二）农户认知及行为

1. 农户认知

农户认知对农业生产活动的影响主要体现在农户对事物的认知能力对其行为决策的作用方面[65]。学者有关农户认知的研究较丰富，由于研究问题的不同其探讨的认知内容也存在一定差异，大多学者一般探究农户认知对其行为的影响，其中黄晓慧等用农户的生态认知和技术认知表征农户认知，以探析农户认知对其水土保持技术采纳行为的影响[66]；赵向豪等基于农户的法律政策认知、耕地质量保护认知及投入品应用认知3个层面探究农户认知与其安全农产品生产意愿之间的作用关系[67]；刘洪彬等探析了农户的耕地质量保护认知对其耕地质量保护行为的影响[68]；甘臣林等则以农户的农地转出认知为基础分析了其农地转出意愿[69]。有关质量认知的研究，学者主要是以农户或消费者的视角探讨农产品质量安全认知，而直接探究农户质量认知的学者居少数。一方面学者以农户视域探究农产品质量认知，其中刘爱军等、胡燕等和吴强等分别研究了养殖户的畜产品质量认知[70]、茶叶供应者质量安全认知[71]和奶农质量控制认知[72]对其行为的影响；另一方面，部分学者从消费者视域探讨农产品质量认知，如刘瑞峰和李志德基于消费者的视角分析了其农产品质量认知及其消费行为[73-74]。

农户认知与其行为密不可分，农户行为的发生是基于其认知而产生的，学界有关农户认知行为的研究主要按照以下脉络展开：一是认知行为是农户进行农产品质量安全生产行为选择的基础，诸如农户的认知态度、对安全生产行为的认知等[75]。一方面，正确的质量认知促使农户产生生产安全农产品的意愿，有助于农户在生产环节对农产品质量进行控制；而农户对农产品质量安全的认知错误则会产生"认知障碍"，抑制其生产安全农产品[76]。另一方面，认知程度对农户的质量安全控制行为影响突出[77]，农户的农产品质量安全关注度越高其生产行为的规范性越强[78]。农户对优质水稻、蔬菜等农产品的生产标准[79]、生产技术及农药的了解程度是其生产品质优良、符合质量安全标准农产品的前提条件[80]。因此，增强农户的农产品质量安全意识，形成正确的质量认知对提高农产品质量至关重要。二是外部环境是农户开展优质农产品生产的外在驱动力，尤其政策环境对形塑农户生产行为的影响较大。通常政策对农户的农产品质量生产行为的影响存在间接性和复杂性特征[81]。政府的倾向性政策作为外部力量对农户的农产品生产结构[82]、生产行为等发挥着重要的约束作用[67,83-84]。农户对政策认知水平的显著提升能够增强其生产优质农产品的意愿，进而促发优质农产品生产行为的发生[84]。目前农户对生产过程中涉及的质量安全法律法规的认知程度较高，尤其对质量安全保障体系有较高的关注度，但对专业性及技术性内容的认知度不高[85]。

2. 农户生产行为

农户是农业生产的直接承担者，作为微观主体，伴随我国农业经济的发展而发展，农户的生产活动与市场经济紧密相连。农户既是一种生活组织，也是一种生产组织，它是由血缘关系组合而成的一种社会组织形式[86]。农户生产行为与其农业生产密切相关，农户的生产行为决策决定了生产资料的使用与配置，从而影响生产效益，关系农户收入的增加与否。农户行为既是个体消费行为，也是群体生产行为，它一方面受经济因素（生产成本、经营方式等）影响，另一方面也受非经济因素（政治环境、文化等）[86]影响。农户的生产行为与经济行为是两个不同概念，因此，需要对二者有所区分，农户经济行为指在特定的社会经济环境中，农户为满足自身在物质或精神层面的需要，为实现某一目标而对外部的经济信息做出的一系列反应[87]。长久以来，学界有关农户生产行为的研究较为丰富，有农产品质量安全[80,88-91]、农户风险偏好[92-93]、农业社会化服务（农业信息化[94]、农业保险[95-96]、合作组织等[97]）、农户自身态度（风险偏好[92-93]、食品安全质量认知等[89]）、不同政策[98]等视角研究农户的生产行为，但基于农户质量认知展开研究的学者鲜有人在。在有关农产品质量安全与农户行为的研究方面，王洪丽等以吉林省稻农为研究对象探讨农产品质量与小农户的生产行为，指出农户的种植结构、对优质水稻及其栽培技术的了解等影响农户的质量安全控制行为[80]；陶善信等基于市场均衡的视角分析农产品质量安全标准对农户生产行为的规制效果[88]；郝利等分析农户对农产品质量安全的认知，指出市场上的高毒高污染农药、化肥等是影响农产品质量安全的关键因素[89]。在关于农业社会化服务对农户行为的影响分析中，宗国富等指出农业保险是通过农业保险补偿的方式影响农户生产行为[96]；信息化对农户的生产行为影响重大，董鸿鹏等对农业信息化影响农户行为进行了综述类的研究[94]。近几年，随着农户健康意识的增强，越来越多的农户更加注重安全生产，农户的安全生产行为逐渐增多。学界有关农户安全生产行为的研究较为丰富，其中 Sharifzadeh Mohammad Sharif 指出伊朗北部马赞达兰省的稻农很少会使用个人防护设备、遵循农药使用的规则，从而对农户的健康产生不良影响[99]；Li Lin 和 Guo Hongdong 基于我国 410 户蔬菜种植户的数据，采用倾向评分匹配模型分析企业关系对我国农民安全生产行为的影响，表明参与合作的农民大多会进行蔬菜安全认证，关注农药的毒性，进行土壤检测[100]。

农户的技术采纳行为是其农业生产行为的重要构成，它对农户农业生产的影响较大，学界关于农户生产过程中技术采纳行为的研究颇多，主要集中在农户的新品种技术采纳[101]、秸秆还田技术采纳[102]、病虫害绿色防控技术采纳[103-104]、测土配方施肥技术采纳[105]、耕地质量保护技术采纳[106]、盐碱地治理技术采纳[107]等多方面。其中李谷成等认为新品种技术作为一种节约劳动力型的技术受到老龄劳动力的偏爱，通过实证检验得出农户的年龄越大，其越偏向选择新品种技术[101]。姚科艳等基于 1 024 户粮食种植户的微观数据资料探析影响农户秸秆还田技术采纳行为的因素，指出秸秆还田补贴促进了农户秸秆还田技术的采纳，农户对不同作物是否采用秸秆还田技术的行为决策有一定差异[102]。有关农户的绿色防控技术采纳行为的研究，李紫娟等指出柑橘种植户对绿色防控技术的采纳受其行为态度、主观规范和知觉行为控制影响较大[103]；耿宇宁等表明不同的猕猴桃种植户采用绿色防控技术所能实现的经济效益和环境效益具有差异性[104]。学者有关农户技术采纳行为的研究还涉及以下方面，如冯燕等、谢文宝等、王海等分别探究了农户的测土配方施肥技术采纳、耕地质量保护技术、盐碱地治理技术采纳行为等[105-107]，上述研究结果均反映农户的技术采纳行为对农业生产的重要作用。

3. 棉农生产行为

棉农作为微观主体，也是学术界研究的焦点之一，大多学者从农户视域出发，探究其棉花生产行为，如植棉意愿及决策[108-110]、施用化肥行为[111-112]及施用效率[113]、节水技术采用[114]、农业保险支付意愿及购买决策行为等[115-116]。依据学界对棉农生产行为的相关研究，具体可以将其生产行为划分为以下几个层面：第一，棉农的种植意愿及决策行为。农户是否选择种植棉花实际是其棉花种植意愿的反映，通常行为意愿对行为有很强的预测作用，农户植棉意愿的强烈与否决定了其是否选择种植棉花，通常棉农的年龄、种植年数、植棉成本、目标价格政策预期等对其种植意愿会产生一定影响，而棉农的作物决策选择则更多地受其主观感知及未来收益预期与以往决策影响[109-110、117-118]。第二，棉农的农资使用行为。农户的棉花生产离不开农药、化肥、种子等农业生产资料，不同地域农户的水肥管理存在差异，就农户的施肥品种而言，塔里木盆地南缘尉犁县农户施肥的品种较策勒县更为丰富[111]；从化肥施用技术效率看，莎车县农户的棉花作物化肥施用技术效率较低，一半以上无法用于农业生产[113]；从灌溉用水技术效率看，全疆的灌溉用水技术效率均偏低[114]。第三，棉农的环境行为。从生态环境的角度出发，水资源供需矛盾和棉田环境污染问题将成为新疆棉花生产可持续发展新的挑战[119]，由于缺乏科学施肥的相关培训及部分农户为避免收入损失，棉农在生产中大量施用化肥、农药等[120]，这种行为虽然在一定程度上能够增加棉花产量，但对棉花质量有很大影响，也产生了环境污染[112、121]。尤其在棉花生产中产生的大量残留地膜、农药瓶及化肥包装袋等废弃物，如不对其进行回收处理则会形成白色污染影响棉田环境，因而农户能否及时有效地回收地膜对缓解棉田白色污染、减少棉花杂质含量、保护棉田耕地质量、实现棉花生产的可持续具有重要意义。

学界对农户的地膜回收行为及棉花生产废弃物品的处理等进行了系列研究，学者在了解当前新疆农药瓶、化肥包装袋及农用地膜等生产废弃物回收现状的基础上，对新疆不同地区的农户进行实地调查，运用统计学相关方法深入探究其地膜回收和棉花生产废弃物处理及影响其行为的因素，结果表明当前新疆的农业地膜回收率较低、棉花生产性废弃物随意丢弃现象较为严重，而农户的残膜回收成本是影响其是否进行残膜回收的关键，自身特征（如农户年龄、种棉年限等）、劳动力数量、残膜危害和生态污染认知等同样影响棉农的残膜回收行为，另外棉农的环保意识高低与其是否进行棉花生产废弃处理有较大的相关性[122-124]。第四，与棉花生产相关的其他行为。棉农的农业生产存在相应风险，大多数棉农选择购买农业保险以降低生产风险，近年来研究棉农保险行为的学者较多，其中宁满秀等指出农户的农业保险需求受生产风险、专业化程度、务农时间等影响，农业保险支付意愿受棉花种植面积及农户的保险认知等因素影响[116-119]；Zulfiqar Farhad 等以巴基斯坦的旁遮普省 302 名棉农为研究对象，采用多变量概率模型分析农户风险管理行为，指出耕作经验、风险观念、生产技术等是影响其进行风险管理的关键[125]；钟甫宁等指出化肥、农药、地膜等对农户的购买保险决策行为均有影响[118]。

由于在棉花生产过程中，农户的生产行为并不止一种行为，而是由多种不同类型的行为构成，因此，棉农的生产行为具有复杂性及多样性，而影响棉农生产行为发生的因素也存在差异。总体看，农户的棉花生产行为不仅受自然环境、政策、风险及技术因素等外在因素影响[126-127]，还受其行为意愿、主观规范等影响[128]。具体看，农户棉花生产行为的发生受棉花价格、地方政府支持、外贸环境、生产技术、人力资本、竞争对手产品价格及产量变化等的影响颇深[129]。另外棉农的生产行为还受各国之间的农产品贸易往来影响，通过各国之间的农产品贸易往来影响农户的种植结构，从而影响棉农的生产行为。例如肯尼亚的棉花种植大户规模逐渐减小，主要是因为黄豆、小麦等作物的出口贸易增加，使得部分农户种植结构发生改变，种植小麦、黄豆等作物的农户规模扩大，而种植棉花的农户规模则逐渐减小[130]。

（三）农业生产经营组织

我国的农业生产经营在很长一段时期内是以传统的小农经营为主，但随着市场经济的发展、农业生产技术水平的提升，小农经营已不能满足当前市场对农产品的需求，农业生产逐渐向标准化、规模化的现代农业转变，家庭农场、合作社等新型农业经营主体随之产生，农业生产经营组织的出现促进了农业生产领域的革新[131-132]。建立农业生产经营组织是降低生产成本、提升棉花质量、提高农业生产效率、增加农户收入的重要途径。目前以家庭为单位的分散化经营模式是我国现阶段农业生产的基本经营方式[133-134]。随着经济全球化的发展，我国农业生产经营效率与发达国家差距增大[133]，农业生产经营组织形式已不能适应当前国内和国际市场环境。企业化的家庭农场或者农业企业是发达国家农业的基本生产单元，我国则依旧以家庭为基本生产单元[135]。同时农业生产经营组织存在规模小效率低、生产成本高劳动力报酬低、农民收入增长缓慢、组织对风险的承受力弱且与市场联系脆弱、封闭自给的经营难以适应国际化环境等问题[133,136]，农业生产经营组织急需改革。学术界的主流观点认为家庭经营在生产规模上并不必然就是小生产，农户家庭作为农业生产经营的主要组织方式，是我国农业实现现代化的基本模式。汪威毅和崔剑表明以家庭农场为基本形式的农业生产经营组织可提高农业生产效率，它将长期存在，而外在形式则随商品经济的发展产生变化[133,137]。

　　目前，我国的农业生产经营组织模式主要有以下 5 种类型："农户＋农民经纪人＋企业""农户＋企业""农户＋基地＋企业""农户＋农民合作经济组织＋企业"、完全一体化[138]，而与农户直接相关的组织是合作社，合作社对农民生产经营活动影响较大。赵晓峰等指出以适度规模经营的家庭农场为基础组建农民合作社，即"家庭农场＋农民合作社"是创新农业生产经营组织体制的有效途径[139]。农户选择参与的农业生产经营组织模式对其生产活动影响颇深，陈超等探究了不同农业生产经营组织模式下桃农的生产效率，并指出桃农参与不同组织模式的生产效率，由大至小排序分别为："农户＋合作社"模式＞"农户＋企业"模式＞"农户＋市场"模式，而种植规模、年限和农户的受教育程度对不同组织模式下桃农的生产效率产生影响[140]。农户是否选择参与农业生产经营组织模式受多种因素制约，李英等指出稻农的稻米生产组织模式选择受其文化程度、水稻种植规模及标准化生产等影响[141]。

（四）棉花供给侧结构性改革

　　供给侧结构性改革是我国农业、工业等领域的一次大规模变革，其重点在于革新原有的生产模式，通过进行资源的合理配置，实现产业、区域、投入等结构性问题的改革。棉花供给侧结构性改革是我国农业供给侧结构性改革的重要构成部分，其核心是棉花生产层面的"提质增效"，即棉花品质的提升和棉花生产效率的提高。棉花供给侧结构性改革的实施大多是通过培育新品种、推广植棉新技术，实行棉花标准化和规模化生产，以此降低棉花生产成本，提升棉花产业竞争力[142]。学术界关于棉花供给侧结构性改革的研究较少，大多探究了新疆和山东棉花供给侧结构性改革，其中研究新疆棉花供给侧结构性改革的学者居多数，蒋梅等指出尉犁县仍然存在棉花品种"多乱杂"、棉农诚信意识淡薄、棉花销售优质优价并未实现等问题，并提出尉犁县棉花供给侧结构性改革可从控制棉花种植面积、进行良种繁育、推广立体管理和机械采摘、严控三丝等方面展开[64]。棉花机械化采收可降低生产成本，也是解决新疆棉花采收难的关键。棉花生产全程机械化技术虽可实现棉花节本增效，降低生产成本，但也存在相应问题。阿达来提·达吾提的研究表明了棉花机械化采收的组织管理化程度较低、配套技术规范和生产体系不完善、使用化学脱叶催熟剂不规范、清理加工工艺有待提升、农机购置补贴政策不能精准实施等问题，指出应从提高棉花机械化采收的组织化、规模化、标准生产水平等予以解决[143]。有关山东棉花供给侧结构性改革的研究，牛娜、王桂峰等和罗付义等认为山东的棉花生产存在种植面积逐渐减少使得棉花供给能力下降、棉花质量问题凸显，引发产不对需、大量施用农药化肥造成生态环境的污染等问题，提出从调整棉花种植结构、进行棉花产业链融合、棉花生产规模化、重视水肥投入等方面进行棉花供给侧结构性改革[144-146]。因此，推进棉花供给侧结构性改革需对症下药，按照棉纺织企业的实际需求，调整棉花种植思路，加强行业之间的交流与合作，生产更多高质量棉花[147]。而"良好棉花"倡议以棉花可持续发展为导向的生产原则和生产标准与我国农业供给侧结构性改革思路有诸多相似之处，对山东及我国棉花供给侧结构性改革均有重要启示[145]。

（五）研究评述

棉花作为世界性的农产品，国内外学者的研究数不胜数。纵览国内外相关文献发现国际"良好棉花"倡议与我国的棉花供给侧结构性改革不谋而合，其棉花生产理念在一定程度上保持一致。供给侧结构性改革是我国当前经济领域改革的重要举措，农业供给侧结构性改革侧重于农业领域，而棉花供给侧结构性改革是当前改善棉花质量、提高棉花的生产效率的关键措施。国内学者大多偏向研究供给侧结构性改革与农业供给侧结构性改革，而对棉花供给侧结构性改革的研究较为少有，尤其研究新疆棉花生产的学者鲜有人在，这为本研究的展开奠定了基础。同时"良好棉花"在国内的推广范围有限，棉花供给侧结构性改革之路深远悠长。国内外棉花生产均存在一定问题，国内外学者的相关研究表明当前世界棉花生产分布不均衡，发达国家与发展中国家的植棉差异显著，发达国家大多采用机械化生产，生产效率较高，而发展中国家的生产依赖自然因素，除巴基斯坦采用机械化生产，其他国家的机械化水平均不高。目前，我国棉花生产存在机械化程度低、生产成本高、低质棉供给过剩、高品质棉花供给不足的结构性问题，尤其新疆作为我国当前的主产棉区亦是如此，与棉花生产相关的系列问题频发，但如何提高棉花质量是当前棉花生产亟待解决的重要问题。学术界一致认为棉花生产的重点须有所改变，应由之前重产量忽视质量，逐步向注重提升棉花质量转变，以增强棉花产业的竞争力。

棉花质量问题的产生根植于整个棉花产业链，是棉花生产、流通、加工等各个环节共同作用的结果，但从生产源头来说，农户的棉花生产是影响棉花质量问题的关键。因此，探究农户的棉花生产行为对于缓解棉花质量问题具有重要意义。同时农户作为农业生产经营主体，其认知在很大程度上会影响其行为，学界虽不乏农户认知的相关研究，但大多探究的是农产品质量安全的认知，直接探究农户质量认知的研究较为缺乏，尤其关于农户棉花质量认知的相关研究更是少有。通过归纳现有研究发现，学者从微观层面探究农产品质量大多是基于消费者和农户两方面，而从生产主体农户视角研究农产品质量问题主要侧重于农户的农产品质量安全生产行为等。棉花质量提升与农户的生产行为密切相关，诸多研究结果显示农户是否采纳科学生产技术，是否选择参与农业生产经营组织对农业生产效率提高、棉花质量提升等意义重大。目前，学术界有关农户生产行为的研究主要集中在探究农产品质量、农户风险偏好、社会化服务对农户生产行为的影响，但从农户心理认知出发探究其生产行为的研究较为少有，尤其探究棉农质量认知对其生产行为影响的研究相对匮乏。另外部分学者虽有探究农户的各类农业生产技术采纳行为，但从整体上探究农户的各类农业生产技术采纳行为的学者不多。

纵览国内外相关文献，国外学者大多基于宏观视角研究棉花生产存在的问题。国内学者对棉花的研究相对广泛，既有宏观层面棉花的生产布局的研究，同时不乏从微观农户层面展开的研究，从微观主体农户的视域研究农户生产行为的学者不计其数。基于当前棉花质量水平不高，棉花生产效率低的现状，学术界虽不乏学者从农户视角研究棉农的生产行为，但从认知视角研究农户棉花质量认知的学者少有，尤其以农户质量认知为基础，探究其棉花生产行为的学者也不多。因此，本研究从微观农户视角出发，以农户对棉花质量的认知水平为线索，探析"良好棉花"、供给侧结构性改革及"质量兴农战略"背景下新疆农户的棉花生产行为，并基于生产理论、社会认知理论、行为经济学理论和农户行为理论，深入研究农户认知变化对其棉花生产行为感知、棉花生产技术采纳及农业经营组织模式选择的影响，为新疆棉花的供给侧结构性改革提供借鉴。

三、研究内容、方法与技术路线

(一) 研究内容

通过分析新疆棉花的生产及质量状况，找出当前新疆棉花生产中存在的主要问题。结合调研数据剖析新疆棉农的质量认知及其影响因素，构建"生产行为感知-生产技术采纳-组织模式选择"分析框架，从农户的棉花生产行为感知、棉花生产技术采纳和棉花生产组织模式选择三方面着重分析农户质量认知对其棉花生产行为的影响，最后基于上述研究提出优化农户棉花生产行为的可行性政策建议。

1. 新疆棉花生产及质量现状研究

在阅读大量相关文献的基础上，归纳和总结当前新疆棉花生产发展及质量状况。首先，搜集宏观数据资料了解新疆棉花生长的自然环境，找出影响其生长发育的关键自然因素。其次，结合新疆 2000—2020 年棉花种植面积及其产量状况，确定棉花优势产区的划分，了解新疆县域棉花生产的空间分布。最后，依据调研棉区的实际情况，弄清楚当前新疆棉花质量现状、存在的质量问题及其原因，以便对新疆棉花生产发展现状形成全面的认识和了解。

2. 新疆农户质量认知及影响因素研究

运用统计描述分析农户质量认知的内容，重点探讨农户对棉花色泽、棉花纤维长度、棉花纤维成熟情况、棉花纤维韧性及棉花长度整齐度等质量内容的认知差异，同时分析农户对棉花质量的总体认知及其认知水平，不同区域、规模农户的棉花质量认知差异。基于农户质量认知的描述性统计结果，从农户禀赋、农户棉花专业知识的认知能力、棉花质量信息获取渠道、棉花生产组织模式、社会交往活动五个维度，构建影响农户质量认知的多元有序 Logistic 回归模型，探索影响农户质量认知的主要因素，为提升农户质量认知提出具体可行的政策建议。

3. 新疆农户棉花生产行为感知研究

通过梳理并归纳现有的相关研究，从微观农户层面出发，基于社会认知理论中"主体认知、环境与行为"之间的交互关系，构建"质量认知-环境感知-生产行为感知"分析架构，并结合新疆棉农的调查数据，运用因子分析和结构方程模型（FA－SEM）两种方法探索农户质量认知、生产环境感知及其棉花生产行为感知之间的内在联系，着重探讨影响新疆农户棉花生产行为感知的关键因素，以期为提升农户的行为感知能力和改善其棉花生产行为提出政策建议。

4. 新疆农户棉花生产技术采纳研究

基于新疆 492 户农户的调研数据，了解新疆农户对棉花生产技术的采纳现状，并分析不同质量认知水平下农户的棉花生产技术采纳。以 SCP 理论为支撑，构建"技术培训-农户认知-技术采纳"的结构方程理论模型，探索农户认知、外在环境与其棉花生产技术采纳之间的内在联系，找出影响农户棉花生产技术采纳的主要因素，引导新疆农户棉花生产技术采纳形成规模效应，促进新疆植棉业发展，增加棉花产量，提升棉花品质。

5. 新疆农户棉花生产组织模式选择研究

依据实地调研情况，分析研究区域的棉花生产组织模式概况、农户参与棉花生产组织的情况，归纳棉区现有的棉花生产组织模式类型，结合农户实际参与的棉花生产组织模式情况分析农户对所参与组织模式类型的满意程度，了解不同质量认知下农户的棉花生产组织模式选择。基于归因理论从驱动农户进行棉花生产组织模式选择的内在和外在因素出发，运用多元无序 Logistic 回归模型探寻农户质量认知对其棉花生产组织模式选择的影响因素，以找出影响农户选择棉花生产组织模式的内在和外在因素。

（二）研究方法

1. 文献研究与问卷调查

通过大量阅读国内外相关期刊、学位论文、学术专著、书籍等资料，归纳总结并汲取已有的理论（如行为经济学理论、农户行为理论、社会认知理论等），借鉴国内外学术研究的已有成果和方法理论，归纳总结汇成本文的文献综述及具体相关研究的动态评述，为后期深入探究农户质量认知、棉花生产行为等奠定相应的基础。另外，通过查阅相关的网站及数据库，如国际棉花协会（ICA）、中国棉花协会、中国棉花网、棉花信息网、国家统计局和新疆统计局的官方网站等，了解国内外棉花种植面积、产量、价格、进出口贸易、政策等相关信息，时刻关注各国棉花生产发展现状和棉花政策法规的变动情况。通过前期的文献梳理，结合研究内容建立相应指标体系并确定调查内容，运用社会研究方法中的问卷调查法，将分层抽样和典型调查相结合，采用对农户进行实地访谈和问卷填写两种方式，调查新疆主要棉花种植区域的农户质量认知及其生产行为情况。

2. 比较分析与归纳演绎

比较分析是对事物之间的异同之处进行分析，以区别各个事物，进而对事物有一定了解并进行把握的方法。它是日常生活、自然科学和社会科学领域等运用较多的一种分析方法，一般包括横向比较和纵向比较。本研究通过比较分析的方法研究不同植棉区域、种植规模农户对棉花质量的认知差异。而归纳演绎不仅可将研究内容进行简单概括总结，也可将研究内容进行凝练，并以一种简单易懂的演绎方式让更多学者理解。本研究中归纳演绎法的运用集中体现在文献的梳理及后期的实证分析部分，如归纳总结当前棉花生产存在的问题、提出优化农户棉花生产行为的政策建议等，此外归纳演绎在整个实证分析过程中均有运用。

3. 计量经济学方法

计量经济学方法是经济学、社会科学、自然科学等领域常用方法之一，文章以调查的农户微观数据为基础，运用计量经济学方法中的 Logistic 回归模型、因子分析和结构方程模型，结合社会认知理论、行为经济学理论和生产理论等理论依据，着重分析新疆农户质量认知对其棉花生产行为的影响。有关计量经济学方法在本书中的应用主要表现在以下 4 个方面：第一，在描述性统计分析农户质量认知及其差异性的基础上，构建多元有序 Logistic 回归模型，重点探究影响农户质量认知的因素；第二，基于社会认知理论构建"质量认知-环境感知-棉花生产行为感知"的理论框架，并通过运用因子分析和结构方程模型探索影响农户棉花生产行为感知的关键因素；第三，基于调研数据，构建"技术培训-农户认知-生产行为"的结构方程模型，探寻影响农户棉花生产技术采纳行为的关键因素；第四，从微观农户视角，结合归因理论构建"内因-外因"驱动的棉花生产组织模式选择分析框架，并通过建立多元无序 Logistic 回归模型，重点探讨农户质量认知对其棉花生产组织模式选择的影响因素。

（三）技术路线

本研究在综合相关研究的基础上，结合新疆棉花生产区域的实地调研情况，并依据确定的具体研究目标与研究内容，构建如图 1-1 所示的技术路线图。

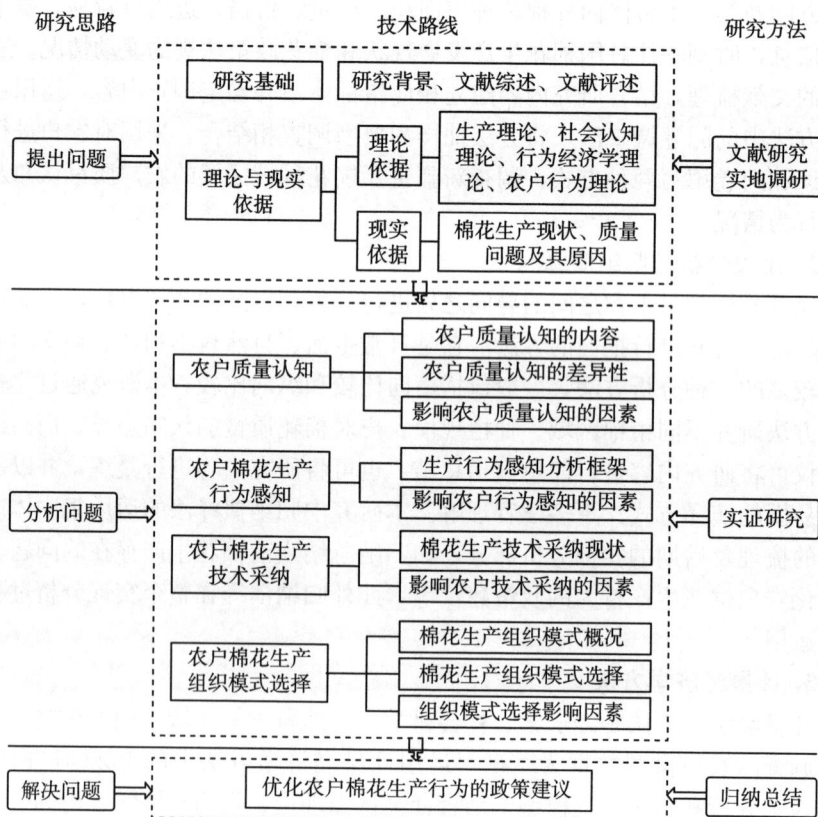

图 1-1　技术路线

四、研究区与数据收集

(一)研究区概况

新疆地处我国西北边陲,经度位置为东经 73°3′—96°21′,纬度位置为北纬 34°22′—49°33′,是典型的大陆性干旱气候,光照时间长,昼夜温差大。地形地貌以"三山+两盆"著称,阿尔泰山、天山及昆仑山山脉由北向南依次分布,准噶尔盆地和塔里木盆地位于山脉之间;天山山脉横穿新疆中部,也因此将新疆划分为北疆、南疆及东疆,天山山脉以北是北疆,天山山脉以南为南疆,以东即东疆。新疆独特的自然环境及气候特征促使新疆植棉业不断发展完善。

本书研究区域为北疆的昌吉回族自治州(以下简称昌吉州)、塔城地区及南疆的巴音郭楞蒙古自治州(以下简称巴州)、阿克苏地区,具体选取巴州的尉犁县,阿克苏地区的阿瓦提县、库车县,昌吉州的昌吉市、呼图壁县、玛纳斯县,塔城地区的乌苏市、沙湾县,这些地区均为新疆植棉面积较大的区域,自然环境良好,适宜棉花生长,且经济水平较高。

(二)数据来源

研究中数据由宏观和微观资料两部分构成,宏观资料为各类统计年鉴,微观资料为调研数据。宏观数据资料涉及《中国统计年鉴》《新疆统计年鉴》《新疆调查年鉴》《中国县域年鉴》《中国农村统计年鉴》等统计年鉴以及《中国棉花质量分析报告》等;微观数据资料则由实地调研获得,它源自"供给侧结构性改革背景下新疆棉花产业链重构与运行机制创新研究"课题组于 2018 年 7 月至 2018 年 9 月对新疆棉花生产的主要区域,共 8 个县市 25 个乡镇 40 个村展开的关于农户质量认知及生产行为的实地调查。此次调研共发放调查问卷 550 份,问卷 100%回收,经剔除无效问卷,最终获得有效问卷 492 份,有效率达 89.64%,被调查区域样本分布见图 1-2。

(三)样本特征描述

从被调查者的性别结构看,主要以男性为主,占 89.23%;被调查者中 97.56%从事农业生产;研究区农户对健康的关注度很高,仅 3.46%的被调查者不关注健康;被调查者中党员占较大比重,为 81.3%;从被调查者的年龄结构看,调查区域农户的年龄结构以中青年为主,具体以 36~50 岁的中年农民居多,占 60.77%,65 岁以上的高龄农民和 20 岁以下的低龄农民占比均较少,分别占 1.02%和 0.61%;被调查者的文化程度以初中为主,比重达

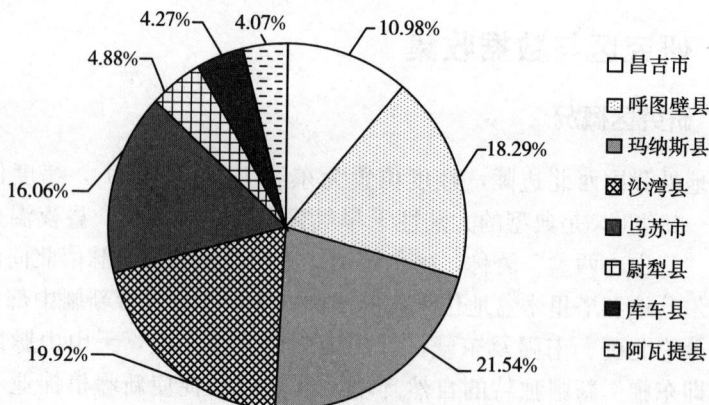

图 1-2　被调查区域样本分布

数据来源：依据实际调研的新疆主要植棉区域 492 户棉农数据整理所得。

57.32%，其次文化程度为小学的占比排在第二位，占 22.97%，高学历和小学以下的占比均不足 2.5%；从被调查农户家庭劳动力占比看，劳动力占比为 26%~50% 的农户比重较大，达 70.53%，其次是占比为 76% 以上的农户，占 19.31%，劳动力占比为 25% 以下的农户仅 1.22%，可见农户家庭结构中劳动力状况基本较好。具体研究区域样本描述性统计分析见表 1-1。

表 1-1　样本描述性统计

项目		占比（%）	项目		占比（%）
性别	男	89.23	年龄	20 岁及以下	0.61
	女	10.77		21~35 岁	13.41
是否关注健康	是	96.54		36~50 岁	60.77
	否	3.46		51~65 岁	24.19
户主是否务农	是	97.56		65 岁以上	1.02
	否	2.44	文化程度	小学以下	2.44
是否为党员	是	18.70		小学	22.97
	否	81.30		初中	57.32
农户家庭的劳动力占比	25%以下	1.22		高中或中专、高职	15.24
	26%~50%	70.53		大专及以上	2.03
	51%~75%	8.94			
	76%以上	19.31			

数据来源：依据实际调研的新疆主要植棉区域 492 户棉农数据整理所得。

五、研究的创新之处与不足

(一) 研究的创新点

本研究的创新点集中表现在以下两个方面。

一是,研究视角上的创新之处。对于社会认知理论,大多数学者的研究主要分布在社会学领域和心理学领域,而将其运用到农业经济领域的研究较为少有。有关棉花生产的研究大都集中在宏观领域,有关微观农户的研究侧重于探讨农户棉花生产的某一项生产行为,并且尚未有学者将农户心理认知引入到探讨棉农的生产行为研究中。本研究以社会认知理论为理论基础,将农户的心理认知引入农户棉花生产行为的研究,重点探讨新疆农户质量认知对其棉花生产行为的影响,该选题具有一定的探索性。

二是,研究内容上的创新之处。为探析农户质量认知对棉花生产行为的影响,本研究基于主体行为发生的过程(行为感知-个体行为-组织行为),构建"生产行为感知-生产技术采纳-组织模式选择"分析框架,以社会认知理论和农户行为理论作为理论支撑探析农户的棉花生产行为。首先建立影响农户棉花生产行为感知的结构方程模型探讨农户认知、环境感知与其棉花生产行为感知之间的内在关系;在此基础上,为进一步分析农户的个体行为,构建"技术培训-农户认知-技术采纳行为"结构方程模型分析农户的棉花生产技术采纳行为;最后分析农户的组织行为,探讨农户质量认知对其棉花生产组织模式选择的影响。整个研究深入地分析农户认知与棉花生产行为之间的关系,丰富社会认知理论和农户行为理论,具有一定的创新性。

(二) 研究的不足之处

囿于调研数据和笔者现阶段的学术水平,本研究还存在如下不足之处。

第一,研究中整个样本数据的分布较为不均衡,实地调查虽有调研新疆的主要植棉区域,但研究区以北疆县域为主,南疆县域较少,使得后续研究在分析不同区域农户质量认知时南疆地区农户的质量认知区域差异性不显著。同时南疆与北疆植棉存在一定差别,被调查的南疆县域数目较少,不足以体现南疆农户植棉的生产情况,因此若有条件,可考虑增加南疆的样本量。

第二,调查样本数量的多少在一定程度上会影响计量模型结果,由于研究中分析农户的棉花生产行为,较多运用计量模型,研究中样本容量基本能够进行模型分析,但若要获得更好的研究结果,可适当增加样本容量。

　　第三，农户作为棉花生产主体，对棉花质量的提升影响较大，本研究从农户角度，探析各个生产环节农户质量认知对其棉花生产行为的影响，但是棉花质量还受自然条件、产业政策、市场形势等诸多因素影响，研究中可能忽略其他因素。因此后续研究可从棉花生产的自然因素、宏观因素等多方面探讨提升棉花质量的路径。

第二章　概念界定与分析框架

面对已有的自然条件、政策环境、棉田环境等约束，不同农户通过资源配置的差异化以规避不利于棉花生产的条件，实现棉花生产效益最大化。不同区域农户的棉花生产行为受到其质量认知、外在环境等诸多因素制约。本章在对研究中所涉及的重要概念进行界定的基础上，以生产理论、社会认知理论及行为经济学理论等为理论依据，结合新疆棉花生产发展及其质量现状和农户的棉花生产实际情况，提炼并构建本书的分析框架，为深入理解并揭示本书的核心研究问题提供逻辑线索与理论支撑。

一、相关概念界定

（一）棉花质量与品质

质量和品质是两个比较容易混淆的概念，但实质上二者的差异较大。从定义上看，二者有所区别。通常情况，现实生活中的质量是一个物理量，用来量度物体惯性大小，同时质量也可以表示程度，用来反映产品或工作的优劣程度。而品质在《汉语大辞典》中，一是指行为、作风上所表现的思想、认识、品性等的本质，二是指物品的质量。谈及棉花质量，我们需要了解有关棉花的基本知识，如棉花在植物学方面的特征及棉花种类等。棉花原产于热带、亚热带[148]，种子外被柔软的、白色的纤维状物质，是纺织生产中最重要的植物纤维[149-150]，在植物学上棉花属于锦葵科棉属（*Gossypium*），有四个栽培种。汪若海在 2007 年出版的《中国棉史纪事》一书中指出我国古代大多种植亚洲棉（*G. herbaceous*），也称草棉，现阶段主要种植陆地棉（*G. hirsutum*，也称美棉）和海岛棉（*G. barbadence*，即长绒棉）。不同棉花类型的产地不同，亚洲棉原产于印度，非洲棉原产地在非洲，陆地棉和海岛棉的原产地在中南美洲。棉花是由国外引进的物种，我国最早的棉花是先秦两汉时期从境外传入，即非洲棉传入新疆，而后传入到其他地区。棉花的种植范围在汉朝以后日益扩张，南宋后期植棉范围与现今基本一致，近代主要种植亚洲棉和非洲棉，如今植棉则在全国范围内普及陆地棉及海岛棉以满足实际需求[151]。

关于棉花质量与棉花品质的含义，学者仅给出了棉花品质的定义，而棉花质量的含义并未予以详细的释义。棉花质量与棉花品质在本质上极为相似但又存在差异，棉花品质是其质量的内在反映。有关棉花品质的定义，刘萍认为棉花品质是指棉花的质量，是满足市场加工的品质，通过各个品质特性及其值来描述，具体可以用纤维长度、纤维粗细度、纤维强度等来反映[152]。关于棉花质量的概念，我国棉花质量的判定主要是依据棉花检验后的相关指标进行确定。2012 年我国进行了棉花质量检验体制改革，其中具体反映棉花质量的指标有所变化，2012 年以前我国用棉花品级、长度、马克隆值、断裂比强度和长度整齐度指数反映棉花的质量状况，2012 年以后则以新发布的棉花国家标准为依据，将棉花的颜色级、轧工质量、长度、马克隆值、断裂比强度、长度整齐度指数，作为评判棉花质量的依据。借鉴学术界关于棉花品质和棉花质量的相关研究及《中国棉花质量分析报告》中对各类棉花质量指标的定义，本研究中棉花质量是指能够满足各类市场需求的不同类型棉花的品质。市场对棉花的不同需求反映了棉花质量的差异，棉花质量由颜色级、长度、马克隆值、断裂比强度和长度整齐度指数等反映棉花内在品质。结合预调研结果，本书将反映棉花质量的指标定义为农户较容易理解的简明词汇，如颜色级由棉花色泽替代、长度即棉花纤维长度、马克隆值由棉花纤维成熟情况代替、断裂比强度和长度整齐度指数分别由棉花纤维韧性和棉花纤维长度整齐度表示。

（二）农户和棉农

"三农"问题一直备受社会各界关注，如何解决农民问题成为提高农民收入、增强农村经济活力、实现农业可持续发展的重中之重。关于农民，最有名的是 1948 年 Kroeber 的描述，它将农民描述为"有着局部文化的局部社会"，弗兰克·艾利思在 2006 年出版的《农民经济学》中指出：Kroeber 对农民的描述实质上表示农民是一个保留着自身文化的大社会的一个部分[131]。农民与农户是两个不同的概念，韩耀提出农户即农民家庭，是以血缘为纽带组合而成的一种社会组织形式，它是生活组织，也是生产组织[86]。就范围而言，农民是个体单位，其范围更广，农户是一个组织，其范围较小，以家庭为单位的农民家庭构成了农户，农民是农户的重要构成，农户是农民家庭组织的体现。本研究中农户指农业生产经营活动中主要从事棉花生产的主体。依据学者对"农民""农户"等概念的界定，本研究综合考虑将棉农定义为长期从事棉花生产的农户，棉区农户则指在主要植棉区域从事棉花生产活动的农户。虽然调研中调查的是单个农民，但实质上被访谈农民所代表的是整个家庭，因此，在研究中主要运用农户、棉农的概念去反映被调查农户的大致情况。

（三）农户质量认知

认知心理学主张研究认知活动本身的结构和过程，并将其看作是一个信息加工过程，其核心是揭示认知过程的内部心理机制，即信息是如何加工、贮藏和使用的[153-155]。农户认知是指在长期的农业生产经营活动中，主体通过对接收到的各类信息进行理解、筛选和组合，而形成新认知的一个动态心理认知过程。在这种心理认知作用下，农户意识范围内逐渐形成对某事物的认知系统，进而影响其生产行为。本研究借鉴认知心理学的理念，将质量认知理解为是农户获得质量信息→接受信息刺激→筛选信息→组合关键信息→形成新认知的一个动态心理活动。由此将农户对棉花质量的认知定义为农户对已经接收到的棉花质量信息进行理解、筛选和重新组合而形成一种新认知的过程。

（四）农户生产行为

行为经济学中的行为指的是人们受思想和心理支配而表现的外在反应、动作、活动和行动[156]。农户行为指在特定的社会经济环境中，农户为实现自身的经济利益而对外部经济信号做出的反应[157]，它涵盖消费行为和生产行为两部分。农户行为的发生需要有一定的利益动机、决策和选择的权利及农户对外部环境做出的反应[157]。农户在农业生产过程中产生的行为，即农户生产行为，它并不是个体的消费行为而是有组织的群体生产行为，其行为具有自给性和商品性、经济性与非经济性、理性和非理性、一致性和多样性并存的特点。农户的生产经营活动是其生产行为的外在表现，即农户通过合理配置生产资料，以实现利润最大化为目标而开展的农业生产经营活动。根据农业生产的阶段划分，大致可将农户的生产行为概括为农户的产前、产中和产后行为。本研究中农户的生产行为具体指的是农户的棉花生产行为，由于农户从事棉花种植是一项较为复杂的农业生产活动，其行为构成涉及方方面面，如农户为保障棉花生产资金充足而发生借贷行为、防范棉花生产风险而产生购买棉花保险行为、棉花生产管理过程产生的各种行为（如播种出苗期、苗期、蕾期、花铃期和吐絮期整个棉花生育期管理等）及棉花市场价格评估行为等。因而，本书中将农户的棉花生产行为定义为棉花种植户在进行棉花生产的过程中（即生产环节）开展的一系列生产经营活动，主要包括三个方面。一是棉农的产前行为：土壤处理、棉花品种选择、播种期和播种技术的确定等。二是棉农的产中行为：农药化肥施用、农药化肥包装物处理、农药化肥使用记录、棉花灌溉、棉花病虫害防治等。三是棉农的产后行为：棉花采摘方式的选择，棉花秸秆粉碎、废弃农膜回收等。棉农的生产行为综合反映了其棉田管理水平，这与提高棉花质量密切相关。

由于农户的棉花生产行为涵盖内容较为广泛，并不单指农户在农业生产经营过程中的某项生产活动，因此其棉花生产行为是由整个棉花生长发育过程中农户所进行的各类生产活动共同构成的。具体来看农户的棉花生产行为主要涉及棉花生产的产前、产中和产后整个生产环节，是一个连续的生产过程。据此，本研究在探讨农户生产行为时，将农户的各类行为作为一个整体进行研究以反映农户的棉花生产行为。具体则是从心理学研究视域出发，以农户在棉花生产过程中的整体行为作为研究对象取代以往从主体单项行为探讨农户行为的方式，现将农户的棉花生产行为概述为以下三个方面：农户的棉花生产行为感知、棉花生产技术采纳和棉花生产组织模式选择。

二、理论基础与框架构建

(一) 生产理论

生产理论是经济学的基础理论之一[158]，它研究的内容是生产者的行为[159-160]。生产理论大致经历三个发展阶段，从简单的物质生产理论至两种生产理论再到三种生产理论。我国生产理论的演变同样历经这三个阶段，新中国成立初期，我国推行单一的生产理论，但随着人口的不断增长，该方式已经不能适应当时经济的发展，学者从马克思主义的人口理论中探索出人类生产资料须要与物质生产资料相适应的两种生产理论。两种生产理论在一定程度上促进了我国经济的快速发展，但忽略了自然资源的有限性，随之形成了以"物质生产、人口生产和生态资源生产"为核心的三种生产理论[161]。马克思主义经济学中的生产理论与西方经济学中的生产理论差异较大，西方经济学中的生产理论主要是以"经济人"假设作为研究起点，劳动者仅是生产要素，而马克思主义经济学中的劳动者既是生产要素，又是生产主体[158]。西方经济学中的生产者指能够做出统一生产决策的单个经济单位。作为理性经济人，通常生产者的经营决策是以追求利润最大化为目标。因此，生产过程中生产者均以最小的投入获得最大的产出为目标展开的各类生产经营活动。西方经济学中生产要素涵盖劳动、土地、资本和企业家才能四类，其中劳动指人类在生产过程中提供的体力和智力的总和；土地包括土地本身、地上和地下的一切自然资源；资本是指资本的实物形态，又称为资本品或者投资品；企业家才能则指的是企业家组织建立和经营管理企业的才能。生产者在生产过程中最为理想的状态是生产者通过对生产要素的合理配置，使得资源利用率达到最好水平，生产效率最高，从而实现利润的最大化，但实际情况并非如此。一般而言，生产者的生产受市场经济、国家政策等诸多因素影响，生产要素并不能实现完全合理配置，生产投入与产出之间大多情况下是不均衡的，实际结果往往不能达到生产者预期的理想状态。农户的棉花生产过程是棉花生产各要素合理配置使用，实现利润最大化的过程，这与经济学中的生产理论不谋而合。本书中农户的棉花生产行为，需要将各要素进行合理配置，这遵循了生产理论的基本规律，因而可以借鉴生产理论有效指导新疆棉农的生产行为，以探究实现棉农生产利润最大化的方法。

（二）社会认知理论

社会认知理论（the social cognitive perspective）即 SCT 理论，由美国著名心理学家班杜拉（Bandura）于 1977 年提出，它是一种由主体认知、环境和主体行为构成的三元交互理论，反映了主体认知、环境与行为之间的动态互惠作用关系，其中任意两者之间的互相作用，伴随环境、个体认知及行为的变化而改变[161]。社会认知理论最初是在社会学习理论的基础上发展起来的。社会学习理论强调行为学习和认知学习两方面，即环境刺激行为主体以某种方式从事行为的行为学习及心理学上的诸多因素影响行为主体行为方式的认知学习[162]。社会认知理论是学者糅合内因决定论和外因决定论，最终提出的反映主体认知、行为及环境的三元交互理论，其中最经典的是"结果期望"和"自我效能"。朱镇和金辉认为社会认知理论关注三种作用机制：一是主体认知与行为之间的作用关系，个体的期待、目标及意向等主体因素决定着他的行为方式，而行为的反馈及外部结果决定着主体的认知；二是环境与行为之间的交互作用，环境状况作为一种外在条件决定着行为的方向和强度，而行为同样改变着环境以适应主体的需要；三是主体认知与环境的相互作用关系，主体的个人特征及认知机能是环境作用的产物，而环境的作用是潜在的，取决于主体的认知把握[163-164]，如图 2-1。社会认知理论强调人的认知、行为及环境之间有一定内在作用关系，假设行为主体观测到某种期望结果并且自己有能力复制这种行为，观测者会采取措施展开学习模仿并且接纳，因而行为者会增强从事该行为的可能。本研究之所以将社会认知理论作为理论支撑，这与社会认知理论所讨论的内容密不可分，社会认知理论探讨的是人的认知、行为与环境之间的相互作用关系，而本研究侧重于分析"主体认知、环境对行为的影响"以探析农

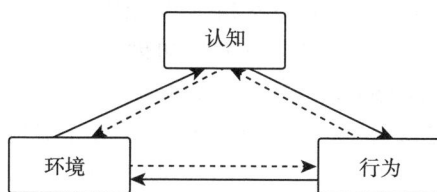

图 2-1 社会认知的理论框架

注：引自 Bandura A. Social foundations of thought and action：A social cognitive theory［J］. Englewood Cliffs，NJ：Prentice Hall，1986.

户的棉花生产行为,这与社会认知理论达成一致。因此,社会认知理论的核心思想和内容为本研究深入具体分析农户的不同棉花生产行为提供了良好的理论基础。

(三) 行为经济学理论

行为经济学是经济学和心理学的有机结合[156],卡尼曼 (Daniel Kahneman) 教授是行为经济学的开创者。行为经济学的发展历程较为曲折,学者将其划分为最初行为经济学的发展和第二波行为经济学两个阶段。第一,最初行为经济学的产生与发展。一方面,一些偶然因素促成了最初行为经济学的发展,其中"贴现效用模型"和"期望效用理论"得到广泛认同,这是行为经济学创立的标志。20 世纪后期,Daniel Kahneman 和维特斯基 (Amos Tversky) 的《预期理论:一种风险决策分析方法》和塞勒 (Richard Thaler) 的《动态非一致性的实验证据》等论文,通过有说服力的实验,对"期望效用理论"和"贴现效用模型"提出异议,指出新出现的理论容易被重复。另一方面,认知心理学的产生在一定程度上促进了行为经济学的革新。心理学家最初认为"大脑"是一个"刺激—反馈"的机器,20 世纪 60 年代开始将其比喻为"信息处理器"的理论主导了认知心理学,并引出"问题解决"和"决策过程"等新研究。众多心理学家,如 Ward Edward、Duncan Luce、Amos Tversky 和 Daniel Kahneman 均纷纷投身经济模型与心理学模型的对照研究,其中以 Kahneman 和 Tversky 的研究影响最大,他们被人们认为是行为经济学领域的开创者。随后,芝加哥商学院的 Richard Thaler 真正将 Kahneman 和 Tversky 的行为学研究和金融学、经济学很好地联系在了一起。第二,多学科交叉、融合发展促进了第二波行为经济学的发展。第二波行为经济学是以最近开始进入的研究为划分依据,这一研究超出了当前经济学的假设问题,也超出了指定的可替代方案,以 David Laibson、Matthew Rabin 等为代表。当前行为经济学已逐步与经济学相关研究融合发展,其中以宏观经济领域的 David Laibson、劳动经济领域的 Ernst Fehr 为代表。

总体来看,行为经济学的发展可以划分为四个时期,第一个时期是萌芽阶段 (20 世纪 40—50 年代),代表人物为卡托纳 (George Katona) 和西蒙 (Herbert A. Simon) 等人;第二个时期是初创时期 (20 世纪 60—70 年代),以 Daniel Kahneman 和 Amos Tversky 为典型代表;第三个时期是形成时期 (20 世纪 70—90 年代),代表人物相对较多,有卡尼曼、特维斯基、塞勒 (Richard Thaler)、罗文斯坦 (George Loewenstein)、阿克洛夫 (George A. Akerlof)、耶伦 (Janet L. Yellen)、莱伯森 (David I. Laibson)、席勒 (Robert J. Shiller)、史莱佛 (Andrei Shleifer) 等;第四个时期是发展时期 (20 世纪 80 年代至今),这个阶段代表人物很多,如塞勒、拉宾 (Mathew Rabin)、费尔（Ernst Fehr）、凯莫勒（Colin Camerer）均是最重要的代表人物，而安德罗尼（James Andreoni）、查尼斯（Gary Charness）、古斯（Werner Güth）、艾萨克（R. Mark Isaac）、沃克（James M. Walker）也是早期开拓者的代表。史密斯（Vernon L. Smith）贡献了实验经济学方法论[165]。本研究选用行为经济学理论作为理论基础，是因为行为经济学更重视人的因素，它研究分析经济活动的心理过程，如人们在进行决策时的动机、态度及期望等。本研究中探析农户对棉花质量的认知、农户的棉花生产行为感知、棉花生产技术采纳及组织模式选择等均与行为经济学中的"行为决策"理论不谋而合，都可以从行为经济学理论中找到理论参考。

（四）农户行为理论

谈及农户行为理论，首先需明确农户经济学的内涵，农户经济学属于微观经济学的范畴。它的基本假说是：农户以追求效用最大化为目标，农户的收入、生产效益及实际需求等因素对其效用产生一定影响[166]。同时农户的生产决策行为受到农户拥有的资金、劳动力和技术、国家政策环境等诸多因素影响。由于传统的经济学理论分析小农经济行为存在缺陷，急需寻求一种新的理论以更好地研究小农行为，由此产生了农户经济学[167]。农户作为农业生产的执行者，是农业生产的决策者，为追求农业生产利益最大化，作为"理性经济人"的农户同样也是生产风险的承担者，农户由于自身存在局限性，其农业生产受诸多因素影响。总而言之，农户在农业生产中处于重要地位，农户的生产行为受国内外学者广泛研究。有关农户经济行为的研究，其中的经典理论有苏联经济学家切亚诺夫（Chayanvo）的组织生产理论、美国经济学家舒尔茨的理性小农理论、斯科特的道义小农理论、贝克尔的新家庭经济理论、黄宗智的过密化小农理论及张五常的佃农理论[168]。上述研究有关农户行为理论的出发点及内容呈现一定差异，但农户行为的目的是一致的，均是在规避风险的同时为追求一定条件下的效用最大化，以更合理的方式利用现有资源，实现农业生产资料的最优配置。农户是发展中国家最主要的经济组织，农业生产通常受自然因素、社会经济因素等诸多因素影响，使得农户的生产受限，而国家为保障农户生产的顺利进行通常会依据当前的现实情况制定一系列措施，以保障农户生产的顺利开展。国家作为政策制定者，需理清哪些因素决定农户生产及投入需求，研究影响农户劳动力供给和使用的因素，同时需要搞清楚作为生产主体的农户对其作为一个消费者的行为影响，以及对劳动力供给的影响等[167]。基于农户行为理论而展开研究能更好地探究农户行为。由于农户的技术采纳行为和组织模式选择行为均属于农户行为理论的范畴，所以本书选用农户行为理论作为理论基础，用来借鉴指导研究当前棉花供给侧结构性改革背景下农户的棉花生产技术采纳及其棉花生产组织模式参与状况等。

（五）理论分析框架

近年来，随着我国经济发展水平的提升，各行业各业快速发展，尤其农业领域中棉花产业快速发展，这势必增强棉纺企业、加工厂等对棉花的需求。但当前我国生产的棉花品质较低，不足以满足市场对棉花质量的要求。农户作为棉花生产者，对棉花质量的提高起关键作用，尤其农户的棉花生产行为对提升棉花质量影响更为巨大。因此，为生产高品质的棉花需从宏观和微观两个层面展开分析：一是从宏观层面概述新疆棉花生产发展现状及棉花质量问题，找出制约棉花生产存在的核心问题；二是从微观层面农户出发，基于农户对棉花质量的认知及其相关因素的影响，探析农户的棉花生产行为。

了解新疆棉花生产及其质量现状是本研究的起点，也是找出解决当前棉花生产问题方法的关键所在。了解新疆棉花的生产及质量状况，有利于从宏观层面了解现阶段我国棉花生产过程中存在的主要质量问题，为后续从农户视角进行相关研究奠定基础。认知是一个心理学概念，农户质量认知是从微观主体认知出发，以判断农户对棉花质量的认知情况。认知是主体行为的基础，研究农户质量认知对后续探析农户质量认知对其棉花生产行为的影响具有重要意义。分析农户质量认知及其影响因素，目的是在了解不同农户质量认知差异的基础上，剖析影响农户质量认知的主要因素，以寻求提升新疆农户质量认知的办法，从而增强农户的质量认知水平。农户的棉花生产行为是决定生产优质棉花的关键，本研究以农户认知事物的过程为逻辑起点，基于农户棉花生产行为发生的先后顺序，探究农户的棉花生产行为影响因素。具体则是从农户的棉花生产行为感知、生产技术采纳和棉花生产组织模式选择三个维度出发层层递进，以深入探究农户质量认知对其棉花生产行为的影响。

个体对事物的认知符合事物发展的一般规律，是一个不断发展变化的过程，农户行为的发生是其经过慎重思考而进行的一种行为决策，行为感知是主体行为发生的前提。本研究在详细分析农户的棉花生产行为之前，首先探析农户的棉花生产行为感知以了解农户感知棉花生产行为对棉花质量影响的情况，为后续研究农户的其他行为奠定基础。农户的棉花生产行为感知是其个体行为和组织行为发生的前提。农户行为感知的发生促使一部分农户从自身出发，采取提升棉花质量的措施，如科学管理棉田、采用棉花生产技术、进行组织模式选择等。而当农户个体行为的改变不足以增加棉花产量、提升棉花质量时，农户需要寻求其他可以提质增效的新型植棉方式，而农业生产经营组织的出现则很好地解决了个体生产成本高、收益低的现状。农业生产经营组织的出现促使农户组织行为的产生，农户通过加入合作社、农业企业等棉花生产组织，促进棉花生产规模化的实现，以降低农户的生产成本、提升棉花质量，增加农户收益。综上所述，农户的棉花生产行为是一个逐渐变化的层层递进过程（即行为感知→个体行为→组织行为）。农户的棉花生产行为感知使得农户产生棉花生产技术采纳的愿望，进而促使农户棉花生产技术采纳行为的发生，随着农户技术采纳行为的出现，作为理性经济人，为实现更大的收益，农户会选择参与农业生产经营组织，通过组织的规范化、标准化生产以降低棉花生产成本，提升棉花质量，实现棉花生产收益的最大化。

据此，本研究基于社会认知理论、农户行为理论等相关理论，构建了完整的农户质量认知对棉花生产行为影响的理论框架，即"生产行为感知-生产技术采纳-组织模式选择"的分析框架，如图2-2所示，重点探析农户质量认知对其棉花生产行为的影响，以提出优化农户植棉生产行为的政策建议，进而提高农户的质量认知水平，提升棉花品质，以期实现棉花生产供给与实际所需之间的平衡。

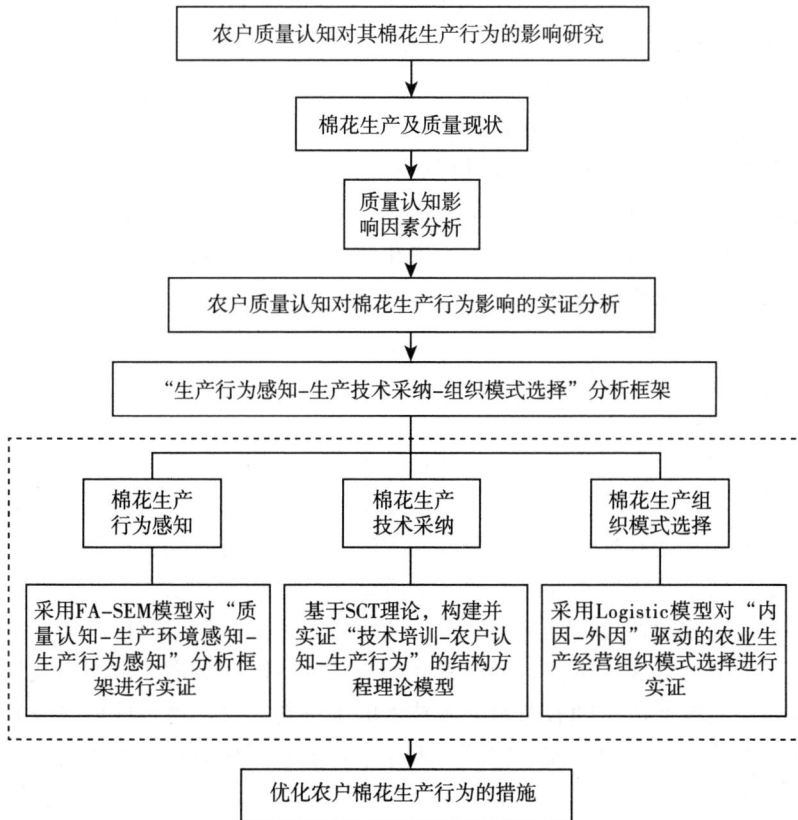

图2-2 理论分析框架

第三章　新疆棉花生产及质量现状

中国的棉花生产在空间布局上已形成长江、黄河流域和西北内陆三大主要棉花生产区域[34]，近年来，随着棉区向北转移，新疆棉区逐渐成为优势棉区[33,169]。在当前市场经济条件下，中国棉花生产逐渐向新疆集中的主要原因是劳动生产率的区域差异。新疆作为西北最大的棉区具有极强的比较优势，它是我国唯一既具规模优势，又具效率优势的自治区[170-171]，这种优势表现在植棉环境及品种较好，棉花科技力量较强，有高产、稳产的能力及潜力等方面[47,172]。同时新疆棉花的生长发育得益于当地独特的干旱半干旱气候，加之地域辽阔，使得植棉区域广泛分布在北疆、南疆及东疆部分区域。棉花产业作为新疆农业经济的主要来源，促进了新疆经济的繁荣。疆棉是我国棉花的主要来源，棉花质量与其他地区相比较好，但与美棉、澳棉相比却依旧存在较大差距，棉花的市场竞争力不高，并且存在着棉花品种繁多、品质不高、异性纤维污染等诸多棉花质量问题。本章采用描述性统计的方法着重从新疆棉花生长的自然环境，棉花优势产区划分布局，棉花质量现状、问题及原因三方面出发分析新疆棉花生产及质量现状。

一、棉花生长的自然环境

棉花的生长发育需要在一定自然条件下进行。棉花是喜热农作物，具有耐旱耐盐碱性，较适宜在光照充足、气候干燥的地区种植，同时棉花生长对水分也有一定要求，尤其生长期对水分的需求较大，但开花时期、授粉时期及棉花的成熟期忌雨水，因此充足的光照及水分是促进棉花生长发育的重要自然条件。新疆地处我国西北内陆地区，位于北温带，远离海洋，气候干燥，光热资源充足，地下水资源较丰富，同时有我国最长的内陆河流塔里木河以及玛纳斯河、叶尔羌河等河流。随着节水灌溉技术的推进与完善，植棉区域灌溉条件逐渐改善，有效解决了棉花需水问题。近年来，随着市场对棉花需求的增加，社会各界对棉花的关注度提升，吸引了众多学者致力于研究适宜不同植棉区的品种，探索影响棉花生长发育的因素，研究表明积温对棉花的生长发育影响较大[172]，尤其温度对棉花纤维长度、断裂比强度、纤维细度等影响颇深，表现在温度降低，棉花纤维的生长率提升，棉花纤维断裂比强度下降，而棉花细度增加（累积温度 15℃ 为纤维细度的临界点）[173]。气候因素与棉花质量有较大相关性，光照和降水等同样是影响棉花产量及质量的主要因素[174]，熊宗伟等指出日照时数和降水量越大，纤维则会越长；≥12℃ 积温越大，棉花纤维断裂比强度会逐渐增加；日照时数越多、降水日数越少，马克隆值则会越大[175]。同时学者根据影响植棉生长的气候指标，对新疆棉区进行了划分，其中徐培秀通过 10℃ 积温、最热月平均气温、15℃ 持续日数 3 个气象指标将新疆的棉花产区划分为南疆陆地棉与长绒棉区、北疆陆地棉区和东疆长绒棉区，并依据热量指标将新疆棉花主产区划分为宜棉区、次宜棉区和不宜棉区[176]。

　　气温和降水可以反映一个地区的气候特征，气候对棉花生长发育也产生了一定影响[177]，新疆独特的自然条件比较适宜棉花的生长发育。由于南疆、北疆及东疆气候存在差异，棉花种植因而受到一定程度的影响，南疆地区地处天山以南，纬度位置低于北疆地区，气温相对较高，适宜棉花生长，北疆地区纬度较高，光热资源充足利于植棉业发展，同时新疆多晴天利于农户后期采摘棉花。气温、降水及日照时数不仅影响棉花的生长发育，同时也影响农户的生产活动。就棉花这种作物而言，气温、降水及日照时数作为一种外在环境影响着棉花生产的各个阶段，对棉农来说，它又约束着农户的棉花生产行为，最终对棉花品质产生较大影响。具体表现在南疆、北疆及东疆不同地区气温、降水及日照时数的差异使得农户选择种植棉花的品种存在差别，棉花品种的遗传特性在很大程度上决定了棉花的生产品质，加之外在环境的共同作用，棉花生长发育深受影响，棉花品质也发生相应改变。

　　气温、降水及日照时数对棉花生长发育影响颇深，三者共同作用，缺一不可。表 3-1 是 2000—2020 年新疆南、北及东疆气温、降水量、日照时数统计表，南疆、北疆及东疆每年的气温、降水情况可以反映南疆、北疆、东疆的气候特征。首先，气温是影响棉花生长的关键因素，表 3-1 中的数据显示，南疆和东疆的气温均高于北疆的气温，且高于年平均气温将近 5℃，而北疆气温明显低于年平均气温，南疆和东疆较高的气温有利于棉花生长发育，促进棉铃成熟。其次，水分是农作物生长必需要素之一，棉花生长发育的水分需求主要来自两个方面——自然水源（降水、江河等）和人工灌溉水源（滴灌等），本书主要分析了自然水源即降水量对新疆棉花生产的影响。北疆的气温虽然没有南疆和东疆的高，但降水量明显多于南疆，南疆及东疆与北疆的降水量差异较大，其中北疆降水量最高可达 328.2 毫米，最少降水量为 149.3 毫米，南疆地区的降水量最高达 256.7 毫米，降水量最低为 41.6 毫米，东疆地区的降水量最高达 114.8 毫米，最低为 12.0 毫米，新疆的年平均降水量达 160.7 毫米，这为新疆地区棉花生长发育提供了充足的降水。再次，棉花属于长日照植物，其生长需要有充足的光照，新疆丰富的光热资源有利于棉花的生长发育。新疆拥有丰富的光热资源，从表 3-1 可以看出 2000—2020 年新疆全年平均日照时数可达 2 737.9 小时，为棉花的成熟提供了充裕的光热资源。北疆、南疆及东疆的光热资源均较为丰富，其中东疆光热资源最为丰富，南疆、北疆的日照时数差异小。近 21 年平均日照时数可达 2 737.9 小时，北疆的平均日照时数达到 2 702.3 小时，南疆达 2 778.1 小时，东疆已达 3 088.6 小时，较长的日照时数利于棉铃成熟时裂开，露出柔软的纤维，有助于棉花成熟，利于机械采摘或人工采摘。总体上看，新疆南疆、东疆的气温高于北疆气温，降水量则由北疆、南疆和东疆依次递减，东疆平均日照时数最长，其次为南疆、北疆。因此，综合看南疆既具有棉花所需的气温优势，降水较丰富，同时光热资源充足，有利于棉花生长发育，而北疆和东疆部分地区同样也是适宜棉花生长的区域。

表 3-1　2000—2020 年新疆南疆、北疆及东疆气温、降水量、日照时数统计

年份	气温（℃）				降水量（毫米）				日照时数（小时）			
	年平均气温	北疆	南疆	东疆	年平均降水量	北疆	南疆	东疆	平均日照时数	北疆	南疆	东疆
2000	9.9	7.7	12.7	12.7	156.4	247.2	41.6	34.8	2 867.9	2 803.5	2 798.2	3 002.0
2001	10.1	8.0	12.8	12.8	156.0	239.5	53.6	36.1	2 837.3	2 799.5	2 791.4	3 122.5
2002	10.4	8.4	12.8	13.5	190.2	282.7	81.0	46.9	2 722.3	2 648.8	2 691.1	3 118.9
2003	9.3	7.0	12.3	12.1	171.0	222.6	128.9	44.2	2 747.4	2 682.0	2 689.9	3 163.0
2004	10.4	8.3	13.2	13.0	88.1	285.1	79.1	24.0	2 817.7	2 712.5	2 881.3	3 132.3
2005	10.4	8.3	13.2	13.0	188.1	285.1	79.1	24.0	2 817.7	2 712.5	2 881.3	3 132.3
2006	10.4	8.3	13.2	13.2	188.1	285.1	79.1	18.7	2 817.7	2 712.5	2 881.3	3 062.1
2007	10.6	8.6	13.0	13.8	149.0	222.0	69.9	34.0	2 800.4	2 770.0	2 750.5	3 188.0
2008	10.9	8.6	13.7	13.5	165.6	262.6	43.8	32.7	2 045.3	2 764.9	2 929.0	3 201.1
2009	10.4	8.8	12.8	13.4	108.6	149.5	65.1	19.1	2 856.4	2 849.4	2 731.3	3 295.7
2010	10.4	8.1	13.5	13.1	13.4	159.5	256.7	36.0	2 797.0	2 682.4	2 803.9	3 121.5
2011	9.8	7.4	12.9	13.2	217.6	299.7	142.5	16.1	2 751.4	2 703.3	2 689.9	3 137.4
2012	10.0	7.6	12.9	12.0	167.1	256.6	66.4	114.8	2 797.0	2 759.5	2 859.8	2 836.0
2013	10.6	8.4	12.6	12.8	176.8	262.6	87.0	14.0	2 842.3	2 775.1	2 888.1	3 030.3
2014	9.7	7.4	12.6	12.7	146.4	215.0	70.7	29.7	2 808.9	2 774.6	2 813.5	2 949.7
2015	11.0	9.0	13.6	13.7	195.3	295.9	71.3	52.6	2 680.3	2 588.5	2 770.8	2 866.5
2016	10.7	8.7	13.3	14.6	219.6	328.2	100.8	27.9	2 651.1	2 503.6	2 689.5	3 218.6
2017	10.6	8.7	13.8	14.9	163.3	222.9	113.5	19.8	2 704.3	2 553.6	2 794.5	3 156.7
2018	9.7	7.4	12.4	13.6	168.5	238.1	95.8	37.0	2 742.3	2 653.9	2 744.7	3 134.3
2019	10.5	8.3	13.3	14.3	145.7	206.9	89.0	12.0	2 619.9	2 564.5	2 574.2	2 984.4
2020	8.7	6.6	12.5	13.5	199.6	149.5	76.3	18.3	2 771.9	2 734.5	2 685.6	3 007.7
均值	10.2	8.2	13.0	13.3	160.7	243.6	90.0	33.0	2 737.9	2 702.3	2 778.1	3 088.6

数据来源：根据 2001—2021 年的《新疆统计年鉴》整理所得。

二、棉花优势产区划分

1978 年至今，新疆的植棉面积及产量均呈波动上升趋势，同时新疆植棉面积占全国植棉面积的比重和新疆棉花产量占全国棉花产量的比重均显著上升。依据图 3-1 近 38 年新疆植棉面积及产量占全国植棉面积及产量的比重图，大致可以将新疆棉花的生产划分为 4 个阶段。第一阶段：1978—1999 年，是新疆棉花种植面积及产量快速增长时期，该阶段棉花面积占比由 3.09% 上升至 40.09%，棉花产量比重由 2.54% 上升至 36.76%。第二阶段：1999—2004 年，新疆棉花的面积比重和产量比重呈波动式下降，其中面积下降的速度大于产量下降的速度，面积下降至 19.81%，产量下降至 27.71%。第三阶段：2004—2020 年，新疆棉花种植面积和产量呈同向波动式上涨，其中 2020 年新疆植棉面积占全国植棉面积的 78.95%，产量占 87.32%。第四阶段：2020 年至今，棉区向新疆转移的趋势增强且表现出较为明显的生产优势。总体而言，伴随时间的推移，新疆逐步成为我国棉花主产区，一方面从数量上看，全疆植棉面积及棉花产量与日俱增，另一方面就棉花质量而言，新疆棉花质量较优于其他棉区。

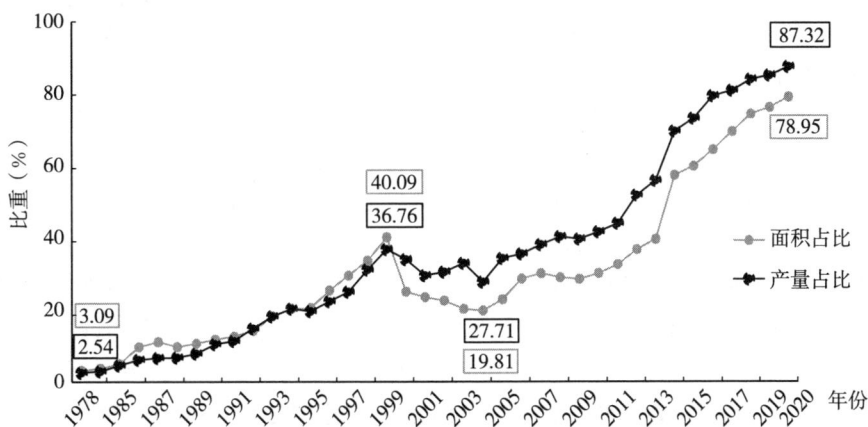

图 3-1 近 38 年新疆植棉面积及产量占全国植棉面积及产量的比重
数据来源：依据 1979—2021 年《中国统计年鉴》和《新疆统计年鉴》整理所得。

新疆是我国最大的优质商品棉生产基地，截至 2020 年棉花产量连续 26 年稳居全国首位，棉花产量达 516.1 万吨。首先，从地理空间区位上看，新疆植棉主要分布在北疆部分区域和南疆大部分地区及东疆区域，其中北疆植棉的主要区域涵盖昌吉州和塔城地区，南疆植棉主要分布于巴州、阿克苏地区及喀什地区。因此，本研究基于上述研究结果，从地理区位上将新疆棉花生产的主要区域划分为五大主要棉花种植区域，具体为昌吉州、塔城、阿克苏、巴州和喀什棉区，书中的研究区域则是从这五大植棉区域中进行筛选。同时根据新疆不同棉花产区的地理位置分布情况可知棉花生产布局大致呈现">"状，主要呈"条带状"集中分布在天山北坡经济带及环塔里木盆地北缘区域。其次，南疆、北疆及东疆各县域植棉分布不均衡，其中南疆植棉县域数量多且较为密集地分布在塔里木河流域，且植棉面积相对较大，向南靠近塔克拉玛干沙漠地区植棉面积越来越少，北疆植棉县域的数量次之，大多集中分布在天山北坡，位于最北端的阿勒泰地区由于气候因素的影响未种植棉花，而东疆植棉县域较少且植棉面积均不大。由此可知南疆是新疆植棉的主要区域，其次是北疆，最后是东疆，且各区域的植棉规模大小各不相同，宜棉区域与非宜棉区域由于受自然环境影响，棉花种植面积存在较大差异。

从新疆主要的棉花种植县域来看，棉花生产大多集中分布在南疆、北疆及东疆部分县域，为了解新疆棉花的主产县域分布情况，本研究结合新疆棉花种植的实际情况及《新疆统计年鉴》和《中国县域社会经济统计年鉴》等相关资料，剔除新疆85个县域中，2000—2020年这21年中从未种植棉花的县域以及有7年及以上没有种植棉花的23个县域，最终确定62个植棉县域为研究对象，如表3-2所示。筛选出来的62个植棉县域涵盖北疆、南疆和东疆，有41个县域在南疆，14个县域在北疆，7个县域在东疆，其中南疆的阿瓦提县、沙雅县，北疆的沙湾县、乌苏市均为棉花种植大县。农业供给侧结构性改革背景下，为提升新疆棉花的质量，2016年确定沙湾县、尉犁县、轮台县、博乐市、沙雅县5个县市的7家企业开展棉花供给侧结构性改革的试点，2017年新疆在全区8~10个县市开展棉花供给侧结构性改革。2018年在前两年的试点基础上，继续深化棉花供给侧结构性改革，实行棉花"价格稳妥＋期货"、棉花目标价格补助与质量挂钩，在6个地州的12个县市开展110.1万亩改革试点，棉花生产上以棉花质量调"优"、生产方式调"绿"、产业体系调"新"为方向。2019年新疆继续开展试点，探索棉花新型补助办法，推广"棉纺企业＋棉花加工企业＋农业合作社＋棉农"模式，引导棉花的栽培向优势产区集聚，推广优质棉种，以提高棉花质量一致性，提升棉花质量[1]。为实现新疆棉花"由大变强"，2020年新疆明确棉花生产布局向优势棉区集中，并压减棉花品种数量，推进优质棉生产基地建设。

---

① 资料来源：《2019年自治区棉花目标价格改革作业关键》，网址：https://www.sohu.com/a/336585366_225946。

表 3 - 2　2000—2020 年新疆植棉县域、未植棉县域及 7 年以上
未植棉县域植棉情况统计

项目	县域名称	县域个数 （个）
植棉县域	和硕县、博湖县、尉犁县、精河县、伽师县、阿克苏市、博乐市、且末县、轮台县、玛纳斯县、叶城县、乌苏市、库尔勒市、沙湾县、新和县、巴楚县、麦盖提县、沙雅县、柯坪县、哈密市、呼图壁县、库车县、洛浦县、和田市、巴里坤哈萨克自治县、疏附县、若羌县、于田县、昌吉市、克拉玛依市、和田县、阿瓦提县、泽普县、温宿县、和布克赛尔蒙古自治县、和静县、阜康市、墨玉县、策勒县、阿克陶县、民丰县、托克逊县、鄯善县、奎屯市、乌什县、岳普湖县、霍城县、皮山县、焉耆回族自治县、阿图什市、伊宁县、拜城县、吐鲁番市、察布查尔锡伯自治县、莎车县、托里县、伊吾县、乌鲁木齐市、吉木萨尔县、疏勒县、英吉沙县、喀什市	62
7 年及以上未种植棉花的县域	塔什库尔干塔吉克自治县、乌鲁木齐县、木垒哈萨克自治县、伊宁市、尼勒克县、塔城市、额敏县、裕民县、阿合奇县、乌恰县	10
从未种植棉花的县域	奇台县、巩留县、新源县、昭苏县、特克斯县、阿勒泰市、布尔津县、富蕴县、福海县、哈巴河县、青河县、吉木乃县、温泉县	13

数据来源：依据 2001—2021 年《中国县域社会经济统计年鉴》整理所得。

通过计算 2000—2020 年新疆 62 个植棉县域的年均植棉面积、年均产量和年均单位面积产量，并进行相应排序，最终得到新疆 62 个植棉县域中位于前 15 位县域的年均植棉面积、年均产量和年均单位面积产量的统计结果，见表 3 - 3。依据表 3 - 3 的结果可知，近 21 年，在新疆主要的 62 个植棉县域中，沙雅县、沙湾县、阿瓦提县的年均植棉面积位于前 3，其中沙雅县的年均植棉面积达到 69.04 千公顷，沙湾县的年均植棉面积达到 65.58 千公顷，阿瓦提县的年均植棉面积达到 64.84 千公顷；在年均产量的排序中，沙雅县、乌苏市、沙湾县的年均产量位居前 3，这三个县域的年均产量分别为 125 744.95 吨、122 044.90 吨、121 899.60 吨；同时近 21 年的年均单位面积产量的排序则是尉犁县、精河县、玛纳斯县分别位于第一、二、三位，各县域的年均单位面积产量分别为 2 077.13 吨/千公顷、2 008.12 吨/千公顷、2 007.08 吨/千公顷。由此可见，这 21 年来沙雅县在植棉生产过程中，其年均植棉面积、年均产量虽处于第一位，但年均单位面积产量并不是第一位；其次沙湾县的年均植棉面积位居第二，年均产量则位居第三，而年均单位面积产量则位居第九；2000—2020 年，各县域年均单位面积产量处于第一位的是尉犁县，接着是精河县，再次是玛纳斯县。

表 3-3　2000—2020 年新疆县域年均植棉面积、年均植棉产量和
年均单位面积产量排序

排序	县域名称	年均植棉面积（千公顷）	排序	县域名称	年均植棉产量（吨）	排序	县域名称	年均单位面积产量（吨/千公顷）
1	沙雅县	69.04	1	沙雅县	125 744.95	1	尉犁县	2 077.13
2	沙湾县	65.58	2	乌苏市	122 044.90	2	精河县	2 008.12
3	阿瓦提县	64.84	3	沙湾县	121 899.60	3	玛纳斯县	2 007.08
4	库车县	61.56	4	库车县	107 216.95	4	乌苏市	1 993.64
5	乌苏市	61.22	5	阿瓦提县	100 534.67	5	博乐市	1 989.33
6	巴楚县	53.11	6	巴楚县	94 238.05	6	库尔勒市	1 934.54
7	莎车县	50.46	7	库尔勒市	93 969.05	7	轮台县	1 929.63
8	库尔勒市	48.57	8	尉犁县	93 575.76	8	阿克苏市	1 887.82
9	尉犁县	45.05	9	阿克苏市	80 935.52	9	沙湾县	1 858.81
10	阿克苏市	42.87	10	莎车县	77 651.71	10	且末县	1 831.00
11	伽师县	42.77	11	玛纳斯县	74 863.71	11	新和县	1 829.31
12	新和县	37.58	12	精河县	73 309.95	12	沙雅县	1 821.35
13	玛纳斯县	37.30	13	伽师县	70 827.33	13	呼图壁县	1 814.35
14	精河县	36.51	14	新和县	68 744.95	14	柯坪县	1 803.54
15	麦盖提县	35.39	15	轮台县	65 752.57	15	巴楚县	1 774.31

数据来源：依据 2001—2021 年《新疆统计年鉴》整理所得。

三、棉花质量状况、问题及原因

（一）棉花质量现状

棉花质量对纺织工业及整个国民经济的发展意义重大，它关乎生产、供应、需求各方利益，并贯穿于整个棉花产业链。一直以来，我国非常重视棉花质量的提升，为了解棉花质量状况，每年都会对棉花质量进行检验。在棉花检验体制改革下，现阶段我国已全部采用仪器进行快速检验。中国纤维检验局每年发布《中国棉花质量分析报告》以协助各单位制定宏观政策，促进棉花质量的提升、棉花产业的发展。2013 年以前的《中国棉花质量分析报告》指出棉花质量指标包括品级、长度、马克隆值、断裂比强度、长度整齐度指数，2013年 9 月全面推行新国标，判断棉花质量的指标发生了相应改变，新的标准去除了品级指标，涵盖颜色级、轧工质量、长度、马克隆值、断裂比强度、长度整

齐度指数。因此，本书为进一步了解近几年新疆的棉花质量状况，从判断棉花质量的相应指标出发分析新疆棉花质量的发展现状。

1. 颜色级以白棉 3 级为主，污染棉分布较少

我国在国家标准《棉花 第 1 部分：锯齿加工细绒棉》（GB 1103.1—2012）中明确表示将颜色级指标引入棉花质量指标，作为判断棉花质量的标准。按照颜色级①可将棉花分为以下四类：白棉、淡点污棉、淡黄染棉、黄染棉，每一类棉花同时又可以细分为不同级别，每一级别代表了不同颜色棉花的差异，反映棉花品质。为了解新疆棉花的颜色级现状，文中基于《中国棉花质量分析报告》分析各年度棉花颜色级占比制作新疆各年度棉花颜色级占比分布图，由图 3-2 可知总体上 2014/2015—2016/2017 年度新疆棉花的颜色级以白棉为主，黄染棉和淡黄染棉及淡点污棉占比颇少；白棉的 5 个等级中，白棉 3 级占比居多，其次为白棉 2 级，白棉 5 级的占比最小；从变化趋势上看，2014/2015—2016/2017 年度，白棉 3 级和白棉 4 级占比逐渐增加，而白棉 1 级的比重呈下降趋势。由此说明，近几年新疆棉花的颜色级虽然主要以白棉为主，但高品质的 1 级白棉呈下降趋势，就棉花的颜色级而言，它有较大的提升可能性。

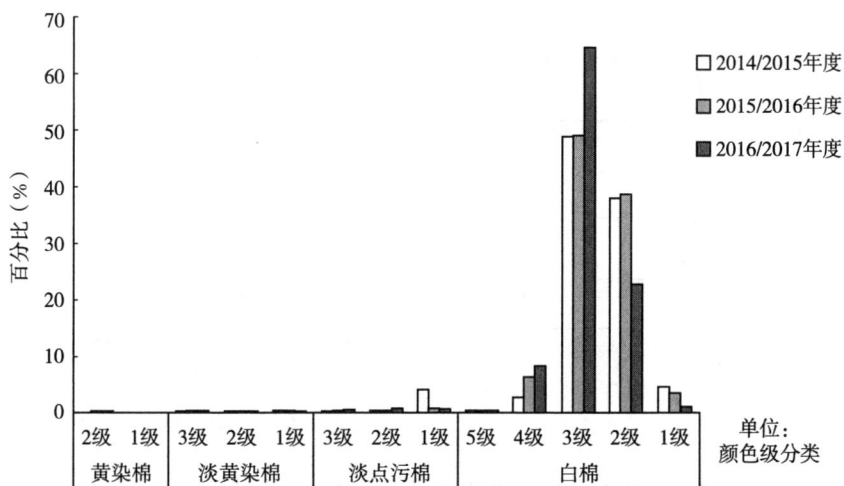

图 3-2　新疆各年度棉花颜色级占比分布

数据来源：2014/2015、2015/2016、2016/2017 年度《中国棉花质量分析报告》。

---

① 需要说明的是，有关棉花颜色级指标的内容主要源自 2017/2018 年度的《中国棉花质量分析报告》，该报告指出白棉分为 1 到 5 级；淡点污棉分为 1 到 3 级；淡黄染棉分为 1 到 3 级；黄染棉分为 1 级和 2 级。

2. 轧工质量处于中档，其他档占比偏少

轧工质量是判断棉花质量的指标，《中国棉花质量分析报告》指出经过加工后的籽棉、皮棉外观形态粗糙程度及所含疵点种类的多少，可具体分为好（P1）、中（P2）和差（P3）三档。轧工质量的高低反映了棉花质量的情况，对棉花的生产效益产生了一定影响。目前我国的轧工质量分级是由人工完成的，检验人员依据国家对棉花轧工质量的判断标准进行对比，进而进行分级。这种分级方式受检验人员技术水平的影响较大，因此该方法存在相应缺陷。当前新疆棉花的轧工质量如何？通过分析 2014/2015—2017/2018 年度新疆棉花的轧工质量可知新疆棉花的轧工质量以 P2 档为主，P1 和 P3 档占比较小，三个档的变化趋势分别为：P2 档呈先下降后上升趋势，P1 档呈先上升后下降趋势，P3 档呈较小浮动的上升趋势，见图 3-3。总体上看新疆棉花的轧工质量整体较好，但中档棉花占比呈现缓慢上升趋势，表明新疆棉花的轧工质量虽大体较好，但中档比重逐渐上升，可见新疆棉花质量有待提升，需在保持生产的棉花轧工质量的级别不发生改变的情况下，通过提升棉花的整体质量，以促进棉花轧工质量的提升，同时需改善人工进行区别轧工质量的方式，以减少人工误差。

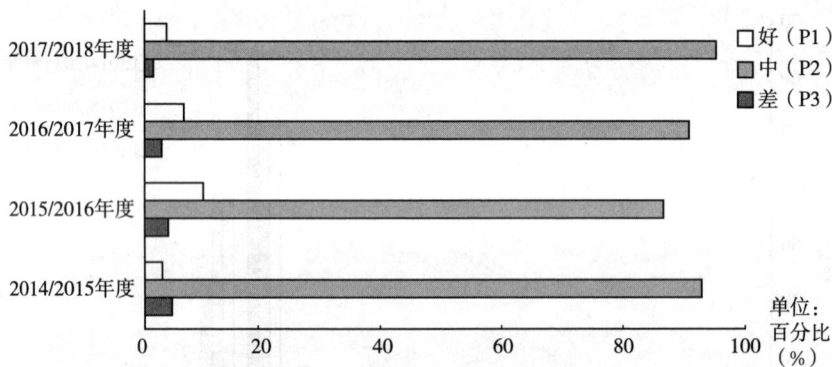

图 3-3　新疆各年度棉花轧工质量占比分布

数据来源：2014/2015、2015/2016、2016/2017、2017/2018 年度《中国棉花质量分析报告》。

3. 长度以 28 毫米为中心，占比大致呈正态分布

长度指的是依据一定数量的棉花所有棉纤维长度分布的数理统计量[①]，《中国棉花质量分析报告》中将 25 毫米级至 32 毫米级的细绒棉依次分为八个

---

① 需要说明的是，有关棉花长度指标的内容主要源自 2017/2018 年度的《中国棉花质量分析报告》，该报告指出现行棉花国家标准，细绒棉的长度级分级及具体长度值范围分别是：25 毫米级，25.9 毫米及以下；26 毫米级，26.0～26.9 毫米；27～31 毫米级以 1 毫米为级距依次类推；32 毫米级，32.0 毫米及以上。

长度级，28 毫米为标准级，长度越长，棉花的使用价值越高。分析 2014/
2015—2017/2018 年度新疆棉花的长度占比可知近几年棉花长度的占比大体以
28 毫米居多，各占比以 28 毫米为中心，逐渐向两端递减，并呈现正态分布；
2014/2015 和 2015/2016 年度的棉花以 28 毫米占比最大，而在 2016/2017 和
2017/2018 年度，棉花的长度以 29 毫米占比居多且 30 毫米长度等级的棉花占
比也有所增加，具体情况见图 3 - 4。上述分析表明近几年新疆棉花长度有一
定增长，但棉花长度为 31 毫米和 32 毫米的超长棉花长度占比依旧较少，可见
提升新疆棉花的质量、增强新疆棉花纤维的长度依旧任重而道远。

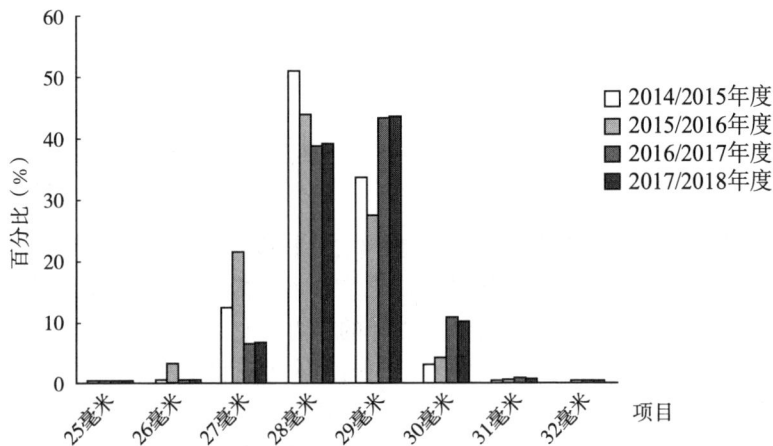

图 3 - 4　新疆各年度棉花长度占比分布

数据来源：2014/2015、2015/2016、2016/2017、2017/2018 年度《中国棉花质量分析报告》。

4. 马克隆值主要为 B2 档，各年份分级情况存在差异

　　马克隆值也是判断棉花质量的指标，《中国棉花质量分析报告》中将细绒
棉的马克隆值分为 A、B、C 三级，按照使用价值排列：A 级较好、B 级正常、
C 级较差，具体分为 C1 档、B1 档、A 档、B2 档和 C2 档 5 个档，不同档次反
映了棉花马克隆值的差异，也反映了不同棉花使用价值的差异。分析 2014/
2015—2017/2018 年度新疆棉花马克隆值级占比（图 3 - 5）可知新疆棉花的马
克隆值以 B2 档为主，B1 档和 C1 档占比较少，且不同年份各个档的马克隆值
占比存在差异，说明新疆棉花的使用价值处于正常水平，但棉花马克隆值为
A 档的占比逐渐下降，这可能与现阶段棉花的培育方式、采摘方式等关系较
大。尤其与棉花采摘密切相关，随着机械采摘的普及，机械采摘通常需考虑
到整个棉田的棉花成熟情况，由于不同植株棉花成熟情况存在差异，机械采
摘需要待大部分棉花成熟后才能进行，此时部分棉花纤维可能成熟过度、有
的棉花纤维可能未成熟，致使采摘后的棉花马克隆值降低，影响棉

花的使用。

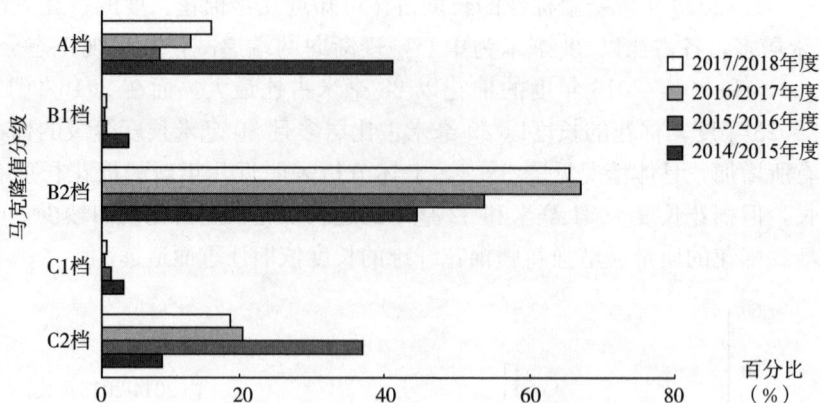

图 3 - 5   新疆各年度棉花马克隆值级占比分布

数据来源：2014/2015、2015/2016、2016/2017、2017/2018 年度《中国棉花质量分析报告》。

5. 断裂比强度以中等档位主，很差档占比较少

断裂比强度即比强，它是衡量棉花质量的重要内在指标①。棉花的断裂比强度可以理解为是棉花纤维抵抗外力破坏的能力，它与纱线的成纱强力之间联系紧密。《中国棉花质量分析报告》中按照断裂比强度及使用价值将细绒棉划分为很强、强、中等、差、很差五个档，棉花纤维的断裂比强度越高，其成纱质量越好。由 2014/2015—2017/2018 年度新疆棉花断裂比强度占比分布可知，新疆棉花的断裂比强度均以中等为主，强断裂比强度占比位居第二位，断裂比强度很差的占比最小，具体情况如图 3 - 6 所示。由此可见新疆棉花的断裂比强度相对较好，但强和很强断裂比强度的占比相对较少，依旧存在很差断裂比强度的棉花，表明需从棉种培育、植棉生产及棉花采摘等整个棉花生产环节出发，改善棉花质量，以增强棉花纤维抵抗外界的破坏能力，提高棉花的断裂比强度数值。

6. 长度整齐度指数以中等档为主，很低与很高档均占比较小

长度整齐度指数②是衡量棉花质量的指标之一，它是指棉纤维长度分布均

---

①   需要说明的是，有关断裂比强度指标的内容主要源自 2017/2018 年度的《中国棉花质量分析报告》，该报告指出现行棉花国家标准，断裂比强度的分档范围：很强档，31.0cN/tex 及以上；强档，29.0～30.9cN/tex；中等档，26.0～28.9cN/tex；差档，24.0～25.9cN/tex；很差档，24.0cN/tex（不含）以下。

②   需要说明的是，有关长度整齐度指数的内容主要源自 2017/2018 年度的《中国棉花质量分析报告》，该报告指出现行棉花国家标准中长度整齐度指数分档与长度整齐度指数范围为：很高档，86.0%及以上；高档，83.0%～85.9%；中等档，80.0%～82.9%；低档，77.0%～79.9%；很低档，77.0%（不含）以下。

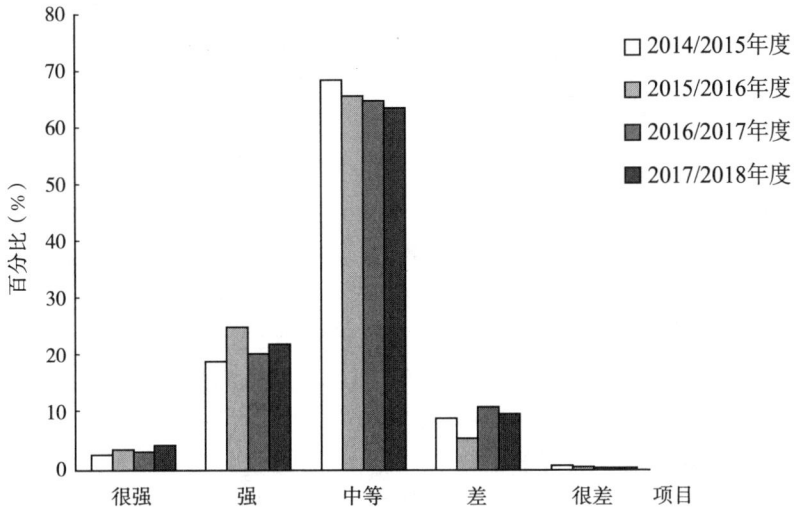

图 3-6　新疆各年度棉花断裂比强度占比分布

数据来源：2014/2015、2015/2016、2016/2017、2017/2018 年度《中国棉花质量分析报告》。

匀或整齐的程度，按长度整齐度指数和使用价值将细绒棉分为很高、高、中等、低、很低五个档，棉花的长度整齐度好说明棉纤维长度分布较集中，短绒含量较低，有利于成纱。分析 2014/2015—2017/2018 年度新疆棉花长度整齐度指数占比分布可知新疆棉花的长度整齐度指数以中等档为主，其次为低档，很低和很高档的棉花长度整齐度指数的棉花占比较少，见图 3-7。由此从整体上看，新疆棉花的长度整齐度指数处于中等档，存在较多的低档棉，棉花纤

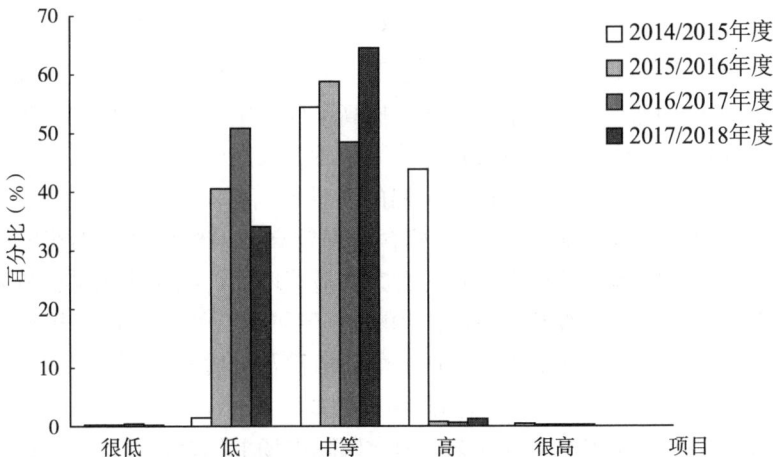

图 3-7　新疆各年度棉花长度整齐度指数占比分布

数据来源：2014/2015、2015/2016、2016/2017、2017/2018 年度《中国棉花质量分析报告》。

维的长度整齐度有较大提升的可能性，同时可从多方入手减少对棉花纤维长度的破坏以保持棉花纤维的长度，增强棉花整体的长度整齐度指数。

（二）棉花质量问题

1. 棉种多乱杂，原棉品质不高

棉种是决定棉花生长发育的关键，棉种品质直接影响成熟期的棉花质量。在长期的植棉生产中，农户对棉种质量已形成一定识别标准。当前棉农大多依旧片面追求"高产量、高衣分"的棉花，而忽视棉花的内在品质，尤其忽略影响棉花质量品级的其他指标，如马克隆值、断裂比强度、含杂率和回潮率、纤维长度等，因此农户选择棉种时会选择产量高、衣分高的棉种，而放弃产出内在品质较好的棉花品种。由于种子公司和经销商提供的棉花品种较多，未形成稳定的棉种市场，农户为降低棉花生产成本，大多选择低价棉种，同时购买多个棉花品种进行植棉生产。然而不同农户选择的棉种类型不同，由此形成了棉花品种多、乱、杂，棉花品质不高的情形[178]。另外，棉种市场不规范使得棉花种植区域农户的棉种选择随意性较大，不注重棉花品种的统一，影响棉花的一致性。伴随棉花生产供给侧结构性改革的实施，为提高棉花质量和产量，各地区注重棉花品质和统一棉花品种，有效地缓解了棉花品种多、乱、杂的问题。

2. 异性纤维污染，机采棉质量不高

新疆棉花质量存在异性纤维污染，机采棉质量不高的问题。质量是棉花市场至关重要的因素[179]。异性纤维污染是棉花质量问题之一，异性纤维污染主要源于以下两方面，一是采摘前成熟期的棉花受树叶、树枝、干枯棉叶、塑料垃圾、沙尘等污染导致棉花异性纤维增加；二是棉花成熟后采摘过程对棉花质量的影响，通常人工采摘过程混入头发丝、塑料等异性纤维，机械采摘则更多混入干枯棉叶等从而产生异性纤维问题等。近年来，机械采摘方式在我国逐渐推广，在一定程度上降低了生产成本，提高了棉花生产效率，但也产生了系列棉花质量问题，机械采摘使得大片棉叶等杂质混入产生异性纤维污染。同时由于机采棉配套技术的不完善使得机采棉的质量不高，与手采棉相比差距较大，纺织企业不愿意用机采棉[180]。机采棉含杂率较高，采棉机采摘棉花的过程中会混入尘土、棉叶等杂质使得棉花的含杂率显著增加，同时运用采棉机采摘的棉花，其颜色级、长度级及整齐度级均略低于手采棉[181]，总体上机械采摘虽可提高棉花生产效率，降低棉花生产成本，但棉花品质不高。

3. 疆棉在国内品质较好，与国际棉存在差距

新疆棉花品质在国内名列前茅，但在国际市场上仍存在纤维强力偏低、含糖较高、夹杂物较多等问题[176]，与美棉、澳棉等仍然存在差距，它虽基本能够满足国内棉纺织企业的需求，但未达到国际市场标准，导致我国棉花的国际

竞争力不高[178]。棉花质量对棉纺织企业而言意义重大，一般纺纱拒绝低质量的纤维，高质量的皮棉即使在供过于求的情况下也能找到买家[182]。我国的棉花与国际市场上的棉花相比，价格高且棉花质量较差，国际市场上的棉花质量较中国棉花好，且棉花价格较低，受到广大国内棉纺企业的青睐，棉纺企业等纷纷购买其他国家的棉花，造成国内棉花的大量积压，棉花市场不稳定，棉花产业的发展因此受到影响。因而在现有的情况下，提高棉花质量是当前棉花产业亟待解决的问题。

（三）棉花质量问题产生的原因

1. 自然环境因素

自然环境是影响棉花生长发育的外在因素，气温、降水等气候因素在一定程度上会影响棉花质量。南疆、北疆及东疆地区，由于自然环境存在差异，使得成熟期棉花质量差别较大。通常南疆棉花产区的气候环境较为适宜棉花生长，北疆雨水较南疆和东疆丰富，对棉花现蕾和开花产生了一定影响。同时自然灾害对棉花的影响也不容忽视，如洪涝灾害、风雹灾害、冷冻灾害、极端高温及低温等[177]。宜棉区和次宜棉区遭受自然灾害时，对棉花生长有不同程度的影响。每年下旬，北疆部分区域会出现大风、霜冻等灾害不利于棉花生长。

2. 棉花市场形势

棉花市场形势是影响棉花生产的宏观因素，具体表现为国内和国际棉花市场形势对我国棉花生产的影响。国内棉花市场形势对我国棉花生产的影响主要表现在棉花供求不均衡而引起的棉花市场的变化。由于棉纺企业与农户之间的信息不对称，使得棉纺织企业对棉花质量的需求与农户棉花的供给之间存在较大差异，进而引发棉花供求问题，扰乱了棉花市场秩序，不利于棉花市场发展，农户的植棉积极性大大降低。国际棉花市场形势对我国棉花生产的影响表现在国际贸易环境对棉花市场的影响。2018年，中美贸易摩擦，全球经济市场受到影响，并波及棉花产业，这使得整个棉花市场存在较大的不确定性和复杂性，棉纺织企业面临巨大挑战。

3. 棉花产业政策

宏观政策作为"看得见的手"对市场经济的发展起引导作用，尤其各类农业相关政策的实施对农作物产量、质量影响颇深。近年来，我国实施的系列棉花政策对棉花生产发挥了重要作用，尤其2014年棉花目标价格政策的实施对我国棉花产业的影响更是意义深远。为保障棉花销路、稳定产量、增加农民收入，2011年我国实施棉花临时收储政策，但这使得棉花产量增长、质量下滑、市场竞争力减弱、棉花库存积压严重、农户植棉积极性下降，为减少国内库存，提升棉花质量，2014年我国开始实施棉花目标价格政策，这不仅有利于棉花产业链的纵向一体化[183]，同时对改善"重产轻质"局面意义重大。接着 2017 年 3 月我国发布《关于深化棉花目标价格改革的通知》指出棉花目标价格的试点时间由"一年一定"变为"三年一定"，并采取"价补分离"、直接补贴棉农、引导"消费导向"型市场、建立"专业仓储＋在库公检"制度、实行补贴与质量挂钩等措施，以发挥市场机制的重要作用、提高补贴效率、转变棉农观念，提升棉花企业质量意识、倒逼棉花加工企业提高棉花的收购及加工质量、增强农户质量意识，促进棉花质量提升。2017—2019 年我国深化新疆棉花目标价格改革的实践成效显著，据此 2020 年我国发布《关于完善棉花目标价格政策的通知》，主要是从建立每三年一次的定期评估机制、引导新疆地方及兵团棉花生产、统一全疆棉花市场、探索棉花补贴新方式等方面展开，以促进新疆棉花市场逐渐向专业化、科学化迈进。总而言之，这一系列政策的颁布与实施对引导农户进行科学棉花生产、稳定种植面积、保障产量及提升质量均具有较大的促进作用。

4. 棉花生产环节

农户种植棉花会将产出棉花、棉籽和棉秆，其棉花生产过程与棉花质量高低密切相关。农户作为棉花生产的决策者，其棉田管理方式和生产技术直接影响后期棉花质量。

（1）棉花品种选择

棉花品种是影响棉花质量的内在因素，决定棉花的产量与品质。棉农选择棉种的优劣是影响棉花质量的首要因素。由于棉种供货渠道较多致使各类棉种鱼龙混杂，各个地区农户种植的棉花品种较多，品种整体统一性相对较差。长久以来，棉农选择的棉种通常偏向产量高、色泽好、衣分高、抗病虫，忽略棉种的内在品质[184]，致使产出棉花的纤维细度偏粗、长度较短、可纺性不高，影响棉花加工。同时不同农户的籽棉交售具有较大流动性，收购企业并未完全按照棉花种类进行分级、分类收购，造成棉花品质降低，影响棉花加工及纺织企业的后期纺织加工。

（2）植棉生产管理

农户的棉花生产管理是影响后期棉花质量的关键。首先，由于棉花质量管理不当、栽培技术、劳动力不足等，导致霜后花和僵烂花的比重上升[185]，生产管理不合理产生了大量僵烂花，未能及时采收成熟期的棉花最终致使部分棉花成为霜后花，棉花质量备受影响。其次，部分棉农为追求高产认为高密度种植、加大肥料的施用量可增加产量，因此未按适宜的用量施肥，导致棉花生产未达到预期效果。最后，部分农户棉田管理粗放，施肥单一，同时忽略残膜回收导致棉花生长发育受到影响。

（3）棉花采摘

现阶段，棉花采收主要是人工采摘和机械采摘的方式。植棉初期，由于农业生产机械化水平不高，大多采用人工采摘方式，该方式较为粗放，农户采摘随意性较大，其依据棉花质量采摘并存放的意识淡薄，并在采摘过程中混入了"三丝"，影响了棉花的质量。近年来，新疆植棉区域扩大，劳动力明显不足，用工成本攀升，棉花采摘雇工难，早摘现象严重，部分地区棉农为降低采摘成本将棉花和未成熟的棉桃一起采摘，影响了棉花的整体质量。随着机采棉的推广，棉花生产效率提升，机采棉虽降低了成本，但存在含杂率高、纤维长度短和"三丝"等问题。由于机械采摘不能灵活选择采收对象，易将残膜等异性纤维和棉花一起收回，而棉花异性纤维和杂质含量增加。另外，人工采摘的棉花在户外晾晒时，动物毛发及其他杂质混入，由此产生了异性纤维，而部分地区的棉农为获得更多利润，将机采和人采的棉花进行混杂充当手采棉，严重影响棉纺织企业的配棉。

5. 其他因素

棉花的销售、运输、检测、加工等环节均会增加棉花异性纤维的含量。首先，棉花销售过程一定程度上也会使得棉花异性纤维含量上升，如部分农户在棉花销售的过程中，担心品质级别较低的棉花难以售卖，于是将品质较高的棉花和质量较差的棉花进行人为混合售卖，造成棉花质量的总体品质下降。其次，棉花在运输过程中存在增加异性纤维的潜在风险，如棉花运输中使用塑料编织袋装棉花的问题并未解决，由此增加了棉花异性纤维的含量。再次，在棉花纤维检测的过程中也可能会增加异性纤维含量。随着消费者对棉纺织产品的广泛需求以及市场对相应产品质量的严格要求，纺织企业及商家等会对生产源头的棉花纤维进行更为深入的检测，现如今这种检测也越来越趋向于机器检测，人工检测的精度及准确性已不能适应当前的棉检要求[186]，但纤维检测机器的不完全清理可能会使得残存的异性纤维混入待检测的棉花中，也会影响棉花纤维品质。最后，棉花加工使得部分棉花受损，如在棉花的加工环节，为去除机采棉的杂质，加工厂加大烘干力度，损伤了棉纤维，使得短纤维率增加。

四、本章小结

本章主要从棉花生长的自然环境概况，棉花优势产区的划分，当前新疆棉花质量状况、问题及原因三方面内容探析新疆棉花生产及质量现状，通过分析了解新疆棉花生产发展所需要的自然环境，植棉区域的分布，主要植棉区域植棉县域的分布和新疆棉花质量状况、存在问题及原因等，为研究中研究区域的确定、农户质量认知内容的设定及探究农户质量认知对其生产行为的影响奠定基础。

第四章 农户棉花质量认知影响因素分析

了解农户质量认知的内容及其差异性特征，可为后续研究农户质量认知与其棉花生产行为之间的关系奠定基础。鉴于此，本章结合第二章有关农户质量认知概念的界定确定农户质量认知的内涵，运用描述性统计方法对农户质量认知的内容及其认知差异进行分析，并构建农户质量认知影响因素的多元有序Logistic模型，重点探讨影响农户质量认知的因素，以期为提升农户质量认知提出可行性政策建议。

一、农户质量认知的内容

农户在长期的农业生产活动中形成了特定质量认知，个体差异使得农户对棉花质量认知有一定差别。为便于研究，本书综合《中国棉花质量分析报告》中有关棉花质量相关指标的规定及实际调研过程中农户的真实反映，将农户质量认知的内容分为农户对棉花色泽、棉花纤维长度、棉花纤维成熟情况、棉花纤维韧性及棉花纤维长度整齐度的认知五个方面。由于农户棉花质量认知的实质是一种心理认知，通常这种心理认知并不能够通过直接观测来度量，因此，为更好地探究农户的质量认知情况，研究结合调研时农户对棉花质量认知的真实反映，采取了一种农户易于理解的方式，即采用李克特量表进行量化，具体是根据李克特量表的划分，将农户对棉花质量的认知划分为五个层级：不了解、不太了解、一般了解、比较了解、非常了解。

（一）棉花色泽认知

当问及哪些指标可以用来衡量棉花质量时，大多数受访农户选择了棉花的颜色。棉花颜色是人们可以通过眼睛直接观测到的反映棉花质量的指标。通过棉花的颜色人们可以大致判断棉花质量的基本情况，但棉花品质具体如何还需要通过对棉花纤维进行进一步检测获知。《中国棉花质量分析报告》用颜色级作为判断棉花颜色状况的标准，实地调研发现农户对颜色级的了解有限，但对棉花色泽如何会有大体认知，因此本书用农户对棉花色泽的认知来反映其对棉花颜色级的认知。根据调研团队实际的调查结果可知：新疆农户对棉花色泽的认知程度较好，主要以"一般了解"为主，其比重达到 45.66%，其次为"比较了解"，占 20.87%，"非常了解"棉花色泽的农户占比较少，仅占 4.75%，见图 4-1。

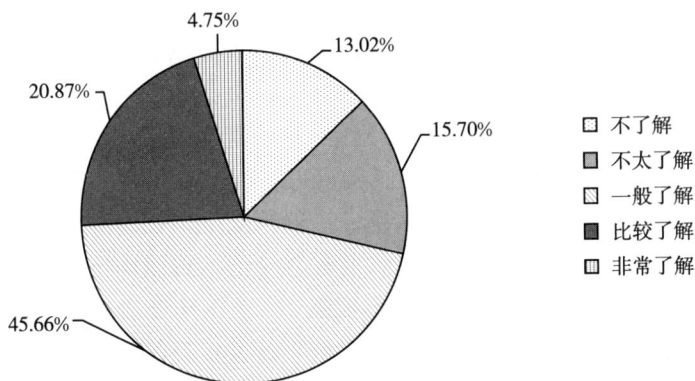

图 4-1 农户对棉花色泽认知的统计

数据来源：依据实际调研的新疆主要植棉区域 492 户棉农数据整理所得。

（二）棉花纤维长度认知

棉花纤维长度可用来衡量棉花质量状况，它是反映棉花质量的最重要内在质量指标，与棉花的整体使用价值相关。结合实地调查，本书用农户对棉花纤维长度的了解程度来反映农户对棉花长度的认知。调查研究表明，农户对棉花纤维长度的认知以"一般了解"和"比较了解"为主，二者比重之和达到 69.57%，"非常了解"棉花纤维长度的农户占比相对较小，仅 3.31%，同时仍有 10.35% 的农户"不了解"棉花纤维长度，如图 4-2 所示。由此可见，

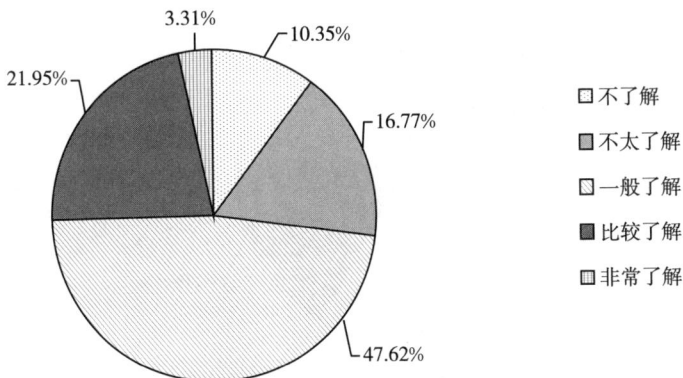

图 4-2 农户对棉花纤维长度认知的统计

数据来源：依据实际调研的新疆主要植棉区域 492 户棉农数据整理所得。

棉区大多数农户对棉花纤维长度有一定了解，但仍然存在部分不了解棉花纤维长度的农户。

（三）棉花纤维成熟情况认知

棉花纤维长度和外观情况差异使得不同品质棉花的用途不同，棉花质量的高低是导致棉花用途产生差异的根本原因，也是影响棉花能否用于纺纱的重要因素。一般纺织厂对可用作纺纱的棉花质量要求较高，对棉花细度和棉花的成熟度要求更严格。《中国棉花质量分析报告》中通常用马克隆值反映棉花纤维细度和棉花纤细成熟度状况。一般情况下，棉花纤维越成熟，其马克隆值越高。通过仪器测量棉花纤维的马克隆值，可以确定棉花纤维的成熟程度，通常马克隆值较低的纤维较不成熟[187]。马克隆值过高或过低的棉花均不适宜纺纱，仅当马克隆值适中的棉花才具备较高的纺纱性能，此时棉花的使用价值较为全面。马克隆值过高表明棉花成熟过度，棉花纤维较粗，抱合力差、成纱强力和条干均匀度不理想；反之，马克隆值过低表明棉花纤维过细、成熟不足，比较容易产生有害疵点，染色性能会受到影响。因此，本书用棉花的马克隆值反映棉花纤维的成熟情况，以进行后续分析。实地调查结果表明，被调查区域农户对棉花纤维成熟情况的认知主要以"了解"为主，农户对棉花纤维成熟情况的认知为"一般了解""比较了解"和"非常了解"的比重之和达58.5%，"不了解"和"不太了解"的农户占总样本的41.5%，如图4-3所示。由此可见，有超过一半的农户对棉花纤维成熟情况有一定程度的了解，其中部分农户对棉花纤维成熟情况的认知仍然有较大的提升空间。

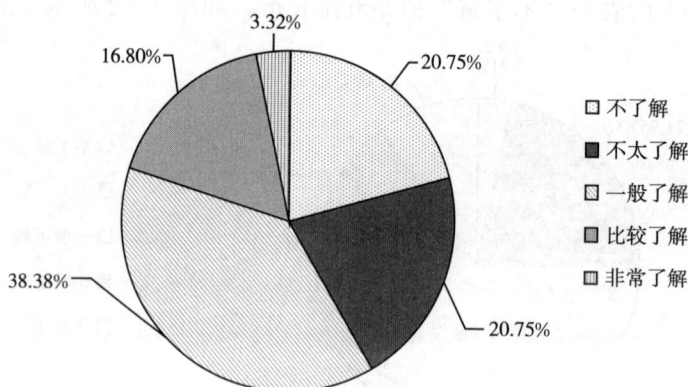

图4-3 农户对棉花纤维成熟情况认知的统计

数据来源：依据实际调研的新疆主要植棉区域492户棉农数据整理所得。

(四) 棉花纤维韧性认知

断裂比强度反映了棉花质量的内在特征，但并不能直观体现。由于农户对断裂比强度这类能够反映棉花质量内在品质指标的专业词汇熟悉程度不高，这可能会影响农户对棉花质量的表述，因此，调研团队将棉花的断裂比强度用与之表达相近的棉花纤维韧性代替，以调查农户的质量认知状况。实地调查结果表明，农户对棉花纤维韧性的认知度不高，以"不了解"棉花纤维韧性的农户居多，占36.45%，而"不了解"和"不太了解"棉花纤维韧性的农户比重过半，占71.87%，"一般了解"棉花纤维韧性的农户占22.50%，"非常了解"棉花纤维韧性的农户仅占0.63%，如图4-4所示。由此可见，被调查区域农户对棉花纤维韧性的了解程度不高，农户的棉花纤维质量认知水平有待提升，出现这种现象的原因可能是以往农户在棉花种植过程中为了追求棉花产量和经济效益，会忽略棉花质量。随着我国供给侧结构性改革的实施及棉花产业的发展，越来越多的棉纺企业对棉花质量的要求越来越高，促使农户关注棉花质量、生产高品质的棉花，但依旧存在部分农户对生产高品质棉花的意识较为淡薄，且对与棉花内在质量相关指标的认知度不高，尤其对棉纺企业关注的断裂比强度、马克隆值等指标的认知不够。

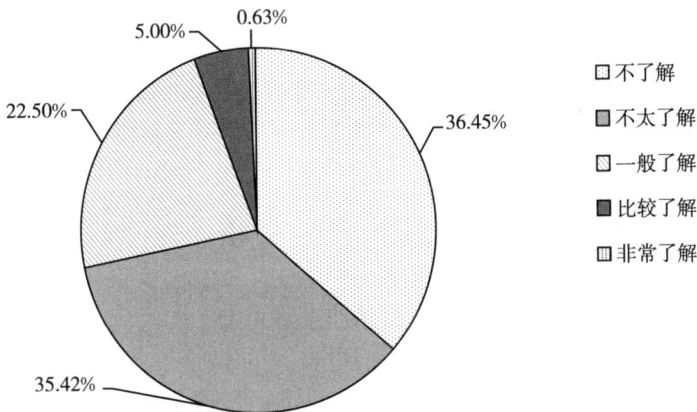

图4-4　农户对棉花纤维韧性认知的统计

数据来源：依据实际调研的新疆主要植棉区域492户棉农数据整理所得。

(五) 棉花纤维长度整齐度认知

纺纱过程中对棉花的选配需要注意棉花纤维的长度、细度、成熟度、长度整齐度等指标，其中棉花纤维长度整齐度作为一个重要的物理指标，对纺纱生产和成纱均起着关键作用。棉花纤维长度整齐度是指棉花纤维束长度分布的均匀程度，通常用长度整齐度指数表示。本书用农户对棉花纤维长度整齐度的了解程度反映其对棉花纤维长度整齐度的认知状况。调查结果显示，农户对棉花纤维长度整齐度的认知以"不了解"和"不太了解"为主，占比达64.23%，农户对棉花纤维长度整齐度"了解"的占比达35.77%，可见被调查农户对与棉花质量密切相关的内在指标棉花纤维长度整齐度的认知度不高，对其很了解的农户仅占2.09%，如图4-5所示。出现该现象的可能原因有两点：一是棉花纤维长度整齐度作为内在质量指标一般是由检测机构检测获得，农户对其熟悉程度不够；二是农户重产量轻质量的认知根深蒂固，影响其棉花质量认知。

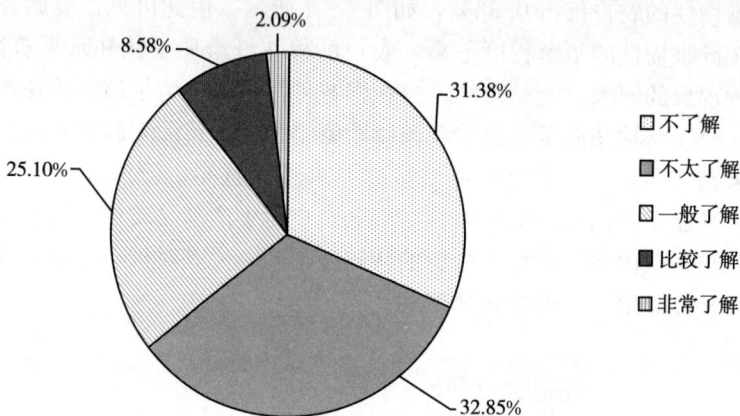

图4-5　农户对棉花纤维长度整齐度认知的统计

数据来源：依据实际调研的新疆主要植棉区域492户棉农数据整理所得。

二、农户质量认知及其差异性分析

农户质量认知的过程是对棉花质量信息进行加工的过程，也是农户对事物从现象到本质认识的一个动态心理活动过程。主体在认知事物时通常会形成一个初步认知，该认知是主体对事物的初次印象，随着主体对事物了解程度的加深，其对质量的认知也加深。由于不同农户接受事物的能力不同，其对棉花的质量认知就不同。本书借助Spss21.0软件对农户的总体认知、认知水平及其差异性进行分析，以了解不同的棉花种植规模、棉区农户质量认知的差别。

（一）农户对棉花质量的认知情况

棉花质量是一个抽象的概念，农户对棉花质量的认知是一个长期过程，因其质量认知是对具体现象识别的综合反映。不同农户对棉花质量的总体认知及认知水平存在一定差异，本书运用统计描述和归纳总结的方法探析农户对棉花质量的认知情况。

1. 农户对棉花质量的总体认知

结合调研数据分析农户对棉花质量的总体认知，结果显示整体上新疆农户对棉花质量的总体认知情况呈倒"V"形分布（图4-6），农户对棉花质量的认知程度由"不了解—不太了解——一般了解"逐渐递增，再由"比较了解—非常了解"逐渐递减。具体表现为农户的数量由"不了解"向"一般了解"逐渐增加，至"一般了解"处农户数量达到最大值，随后由"一般了解"向"非常了解"依次递减，"一般了解"棉花质量的农户占比最大，"不了解"和"非常了解"棉花质量的农户占比不足4.5%。若将"不了解"和"不太了解"棉花质量的农户归为"不了解"棉花质量的农户，将"一般了解""比较了解"和"非常了解"棉花质量的农户归为"了解"棉花质量的农户，可以看出农户对于棉花质量认知为"了解"的农户占比高于"不了解"的农户占比。由上述分析可以清楚地看出研究区农户对棉花质量的认知主要以"一般了解"为主，总体上农户对棉花质量均有一定认知，但"非常了解"棉花质量的农户占比相对较低，说明新疆农户对棉花质量的认知度有较大的提升空间。

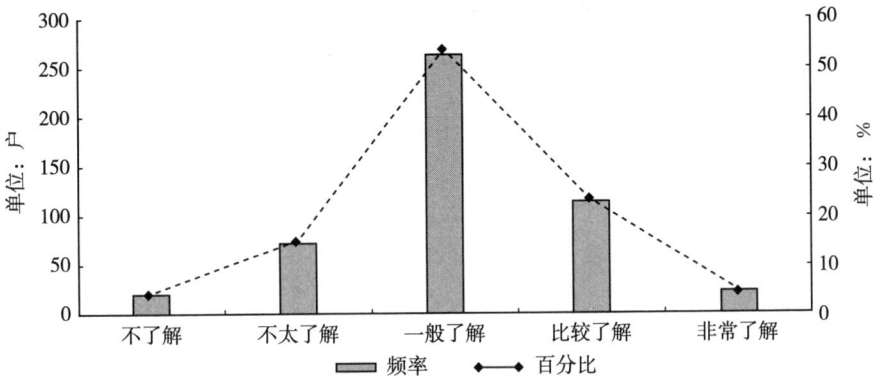

图4-6　农户对棉花质量的总体认知分析

数据来源：依据实际调研的新疆主要植棉区域492户棉农数据整理所得。

2. 农户对棉花质量的认知水平

本书确定了与棉花质量相关的八个方面内容，以分析农户的棉花质量认知水平。从农户是否了解与棉花质量相关的八个方面内容探析农户对棉花质量的了解程度，以从多角度探讨农户对棉花质量的认知情况，为后续分析农户质量认知水平奠定基础。由表4-1可知对棉种的生产品质、棉花的产后品质、棉花品级、棉花等级及施用化肥农药对棉花产后品质的影响持"了解"态度的农户占比均高于"不了解"的农户占比，而农户对棉种的遗传品质、《棉花纤维品质评价方法》和棉花质量相关政策持"不了解"态度的占比大于"了解"的占比,可见农户对棉花质量的认知总体较好,但对与棉花质量相关的政策认知不足。因此,为加强农户对棉花的质量认知,需加强农户对棉花质量相关政策的学习,以提升其棉花政策认知度。

表4-1 农户对棉花质量相关内容的了解程度

项目	①	②	③	④	⑤	⑥	⑦	⑧
了解(%)	46.53	69.60	64.85	74.63	81.76	66.38	20.64	40.85
不了解(%)	53.47	30.40	35.15	25.37	18.24	33.62	79.36	59.15

注:①=棉种的遗传品质,②=棉种的生产品质,③=棉花的产后品质,④=棉花品级,⑤=棉花等级,⑥施用化肥农药对棉花产后品质的影响,⑦《棉花纤维品质评价方法》,⑧棉花质量相关政策。

数据来源:依据实际调研的新疆主要植棉区域492户棉农数据整理所得。

为探讨农户对棉花质量的认知水平,本书将进行如下处理,即将农户了解棉花质量内容的项数小于等于2项的定义为"较低认知水平",将农户了解棉花质量内容的项数大于等于3项小于等于5项的定义为"一般认知水平",将农户了解棉花质量内容的项数大于等于6项的定义为"较高认知水平",结合调研数据,最终得到表4-2农户对棉花质量的认知水平统计表。由表4-2可以看出,被调查的农户中处于一般认知水平的农户居多,已达227户,占整体样本的46.14%,其次对棉花质量认知为较高认知水平的农户占36.18%,而较低认知水平的农户仅占17.68%。由此可见,研究区域农户对棉花质量的认知水平主要以一般认知水平为主,较低认知水平的农户较少,但并不能忽视低认知水平的农户,原因在于伴随棉花产业的发展,棉花市场对棉花质量的评价标准、棉花质量相关政策、棉花生产技术、棉花价格等是不断发展变化的。农户对棉花的质量认知随农户自身的改变而发生改变,一般认知水平或较高认知水平的农户可能受外在环境影响,其质量认知水平逐渐降低,而低认知水平的农户可能随着其认知程度的上升,其质量认知水平也会提升。因此,为提升农户对棉花质量的认知水平,可开展多种形式的质量培训,以减少较低认知水平农户的比重。

表4-2 农户对棉花质量的认知水平统计

项目	较低认知水平	一般认知水平	较高认知水平
频率(户)	87	227	178
百分比(%)	17.68	46.14	36.18

数据来源:依据实际调研的新疆主要植棉区域492户棉农数据整理所得。

（二）农户对棉花质量认知的差异性分析

1. 不同棉区农户对棉花质量的认知

由于不同棉区的经济发展水平、农业基础设施建设情况、农业社会化服务等存在差异，农户对棉花质量的认知也存在差别。由实际调研可知，整体上新疆农户对棉花质量的认知呈现区域不均衡状态，不同棉区农户对棉花质量的认知以"一般了解"占多数，且各棉区农户对棉花质量的了解程度由"不了解—不太了解—一般了解—比较了解—非常了解"呈现先上升后下降的变化趋势。具体分析可知，不同棉区农户对棉花质量的认知差异很大，其中昌吉州棉区和塔城棉区农户对棉花质量的认知以"一般了解"为主，其他区域质量认知为"一般了解"的农户占比不高，各区域"不了解"和"非常了解"棉花质量的农户占比均较小，这与上文分析农户对棉花质量的总体认知的研究结果基本一致。从横向看，昌吉州棉区农户对棉花质量的认知以"一般了解"和"比较了解"为主，占比为 38.80%，"不了解"棉花质量的农户仅 1.83%；塔城棉区农户的质量认知情况占比分布趋势与昌吉州棉区类似，但具体数值不同；巴州棉区和阿克苏棉区农户的各项质量认知占比均不高，其中巴州棉区农户对棉花质量"不了解"和"非常了解"的农户占比均为 0，其他认知水平的农户占比也不高，阿克苏棉区农户的认知中"非常了解"棉花质量的农户占比最少，仅占 0.2%。出现该情形的原因可能是本次实地调研主要以北疆为主，南疆调查样本数量有限。从纵向看，昌吉州棉区"一般了解"棉花质量的农户居多，占 26.02%，而巴州棉区各类质量认知的农户占比均不高；昌吉州棉区和塔城棉区的农户"比较了解"棉花质量的农户占比达 21.73%；塔城棉区农户"一般了解"棉花质量的农户占比较高，具体情况如表 4-3 所示。由此可见，新疆各棉区农户对棉花质量的认知存在较大差异，并表现出较大的地域性特征，因而提升农户对棉花质量的认知水平，可从平衡区域农户的认知差异方面进行。

表 4-3 不同棉区农户对棉花质量认知的差异分析

单位：%

项目	不了解	不太了解	一般了解	比较了解	非常了解	合计
昌吉州棉区	1.83	8.33	26.02	12.78	2.00	50.96
塔城棉区	1.83	4.67	18.29	8.95	2.24	35.98
巴州棉区	0.00	0.20	4.27	0.22	0.00	4.69
阿克苏棉区	0.41	1.63	4.88	1.25	0.20	8.37
合计	4.07	14.83	53.46	23.20	4.44	100.00

数据来源：依据实际调研的新疆主要植棉区域 492 户棉农数据整理所得。

2. 不同规模农户对棉花质量的认知

棉花生产的规模化和全程机械化有助于提高农户的棉花生产效率，增加农户收入。新疆棉花目标价格政策和棉花供给侧结构性改革的实施稳定了新疆棉花的种植规模，棉花质量相应提升，使得种植大户、家庭农场主等经营主体逐渐出现，促进了新疆棉花产业的发展。不同棉花种植规模农户对棉花质量的认知存在差异，本书为探析不同棉花种植规模农户质量认知的差异，依据相关研究[188]并结合实地调研情况，将小规模农户界定为植棉面积为 70 亩以下的农户，中等规模农户界定为植棉面积为 71～140 亩的农户，大规模农户界定为植棉面积为 141 亩以上的农户。由表 4-4 不同规模农户对棉花质量认知的差异分析可知，小规模、中等规模和大规模农户对棉花质量的认知均以"一般了解"为主，不同规模农户"不了解"和"非常了解"棉花质量的占比均不高，且随着其了解程度的加深，各规模农户占比呈先上升后下降的趋势。从横向看，随着不同规模农户对棉花质量了解程度的加深，各规模农户的比重呈由小到大的上升趋势，至"一般了解"时达到最大值，随之农户占比逐渐减小。其中小规模农户对棉花质量的认知以"一般了解"为主，占 20.33%，对棉花质量"非常了解"的农户占比最少；中等规模和大规模农户对棉花质量的认知占比由大到小排序均为：一般了解＞比较了解＞不太了解＞非常了解＞不了解。从纵向看，对棉花质量的认知为"一般了解"的农户以小规模农户居多；大规模农户"不了解"棉花质量的比重最小；"非常了解"棉花质量的各类农户占比平均在 1.5%左右。无论从纵向还是横向看，农户对棉花质量的认知度均存在差异，这种差异不仅表现在农户对棉花质量的了解程度上，更多体现在由农户种植规模变化而引起的认知差异上。出现该现象的原因可能是，对于小规模农户而言，其种植规模小，棉花产量总体较小，农户可以将优质棉高价销售给加工或纺织企业，留存的部分劣质棉花较少；而中等规模农户和大规模农户的植棉面积较大，棉花产量大，若忽略棉花质量会影响销量，棉花收益会受到很大影响，因此中等规模农户和大规模农户更关注棉花质量，其对棉花质量的认知程度较高，小规模农户则对棉花质量的认知程度较低。

表 4-4 不同规模农户对棉花质量认知的差异分析

单位：%

项目	不了解	不太了解	一般了解	比较了解	非常了解	合计
小规模农户	2.85	7.93	20.33	8.54	1.42	41.06
中等规模农户	0.81	4.27	19.11	7.11	1.63	32.93
大规模农户	0.41	2.64	14.02	7.52	1.42	26.02
合计	4.07	14.84	53.46	23.17	4.47	100.00

数据来源：依据实际调研的新疆主要植棉区域 492 户棉农数据整理所得。

三、农户质量认知影响因素的实证分析

在上一节分析农户质量认知的内容、质量认知水平及差异性的基础上，本节从农户禀赋、农户棉花专业知识的认知能力、棉花质量信息获取渠道、棉花生产组织模式和社会交往活动出发，借助 Stata13.0 软件基于多元有序 Logistic 模型重点探讨影响农户质量认知的因素。

（一）变量选择说明

1. 因变量的选择

回归模型中的因变量被称为被解释变量，Logistic 回归模型中的被解释变量可以是二元的，也可以是多元的，由于研究中选取的农户质量认知水平是多元有序的，因此本书选用多元有序 Logistic 回归模型。为探析影响农户质量认知的因素，在综合相关学者的研究并结合实际调研情况基础上，本书选取农户对棉花质量的认知水平作为因变量表征农户质量认知，具体变量描述见表 4-5。

表 4-5 选取变量的描述性统计

变量名称		变量代码	变量定义及测量方法	均值	标准差	预期作用方向
因变量						
质量认知	棉花质量认知水平	Y	1=较低认知水平，2=一般认知水平，3=较高认知水平	2.18	0.71	
自变量						
农户禀赋 (X_1)	年龄	X_{11}	1=20岁及以下，2=21~35岁，3=36~50岁，4=51~65岁，5=65岁以上	3.12	0.65	＋
	是否为党员	X_{12}	1=是，0=否	1.01	0.47	＋/－
	植棉偏好	X_{13}	农户的棉花种植偏好：1=无，2=质量，3=产量，4=产量和质量	3.63	0.69	＋
农户棉花专业知识的认知能力 (X_2)	总体认知	X_{21}	农户对棉花质量的总体认知：1=不了解，2=不太了解，3=一般了解，4=比较了解，5=非常了解	3.09	0.85	＋
	熟知情况	X_{22}	农户对棉花质量相关指标①的熟知情况：1=2项及以下，2=3~4项，3=5~6项，4=7~8项，5=9项及以上	2.15	1.01	＋
	关注内容	X_{23}	农户关注棉花质量的相关内容②：1=2项及以下，2=3~4项，3=5项及以上	1.40	0.56	＋

（续）

变量名称		变量代码	变量定义及测量方法	均值	标准差	预期作用方向
棉花质量信息获取渠道（X_3）	是否有电视	X_{31}	农户所在家庭有无电视：1＝有，0＝没有	0.90	0.30	＋
	是否有电脑	X_{32}	农户所在家庭有无电脑：1＝有，0＝没有	0.44	0.50	＋
	是否有农业信息员	X_{33}	所在村庄是否有农业信息员：1＝是，0＝否	0.36	0.48	＋
	是否有农业技术服务人员	X_{34}	所在村庄是否有农业技术服务人员：1＝是，0＝否	0.41	0.49	＋
	是否有农业合作社	X_{35}	所在村庄是否有农业合作社：1＝是，0＝否	0.47	0.50	＋
棉花生产组织模式（X_4）	"棉农＋企业"型	X_{41}	农户选择参与的棉花生产组织模式：1＝"棉农＋企业"型，0＝其他模式	0.22	0.42	＋
	"棉农＋合作社＋企业"型	X_{42}	农户选择参与的棉花生产组织模式：1＝"棉农＋合作社＋企业"型，0＝其他模式	0.15	0.35	＋
社会交往活动（X_5）	家庭社会关系	X_{51}	农户拥有的家庭社会关系数量：1＝0个，2＝1～2个，3＝3～4个，4＝5～6个，5＝7个以上	1.68	0.70	＋
	棉花生产交流	X_{52}	农户与其他农户的棉花生产交流：1＝没有，2＝较少，3＝偶尔，4＝经常	1.22	0.44	＋

注：1. "相关指标"指：①棉花品级，②棉花纤维长度，③马克隆值，④回潮率，⑤含杂率，⑥危害性杂物，⑦短纤维率，⑧棉结，⑨等级和标准级。

2. "相关内容"指：①棉花的颜色，②棉花纤维长度，③棉花的马克隆值，④棉花的断裂比强度，⑤棉花纤维长度整齐度，⑥其他方面。

2. 自变量的选择

自变量的选择将从农户禀赋、农户棉花专业知识的认知能力、棉花质量信息获取渠道、棉花生产组织模式和社会交往活动五个维度展开，拟选取 15 个可能会对农户质量认知产生影响的变量，具体选取变量的描述性统计见表 4-5。本书将农户禀赋定义为 X_1，其中将年龄定义为 X_{11}、是否为党员定义为 X_{12}、植棉偏好定义为 X_{13}；将农户棉花专业知识的认知能力定义为 X_2，其中将总体认知定义为 X_{21}、熟知情况定义为 X_{22}、关注内容定义为 X_{23}；将棉花质量信息获取渠道定义为 X_3，其中将是否有电视定义为 X_{31}、是否有电脑定义为 X_{32}、是否有农业信息员定义为 X_{33}、是否有农业技术服务人员定义为 X_{34}、是否有农业合作社定义为 X_{35}；将棉花生产组织模式定义为 X_4，其中将"棉农＋企业"型定义为 X_{41}、"棉农＋合作社＋企业"型定义为 X_{42}；将农户的社会交往活动定义为 X_5，其中将家庭社会关系定义为 X_{51}、棉花生产交流定义为 X_{52}。

（1）农户禀赋影响农户的质量认知

农户禀赋指农户的各个家庭成员及其整个家庭先天拥有及后天获取的所有资源和能力，即包含农户的性别、年龄、文化程度、社会经历、社会网络资源等[189]。农户作为棉花生产者，农户禀赋对其认知棉花质量的影响较大。研究中选取年龄、是否为党员和植棉偏好变量体现农户禀赋，以探索农户禀赋对其质量认知的影响。农户年龄是影响其质量认知的主要因素之一，随着农户年龄的增长，其生活阅历、植棉经验增加，农户的质量认知水平也随之提升。农户是否为党员对其棉花质量认知水平的影响表现在党员农户的党员先进性方面，通常党员农户对新事物有较强的接收能力，能够积极主动学习新知识，植棉过程中具体表现在对国家的农业生产政策形势了解更深入，对棉花政策、各类棉花质量指标的认知度较高，同时种植规范性较强，因而从整体上看党员农户的棉花质量认知水平高于非党员农户的棉花质量认知水平。农户植棉偏好对其质量认知的影响体现在农户的棉花种植偏好是在产量还是质量上，抑或是同时偏好产量和质量，一般情况下偏好棉花产量的农户大多对棉花质量的重视程度较低，因此其对棉花质量的认知度不高，而偏好质量或者同时偏好产量和质量的农户，在棉花生产过程中会更加注重提高棉花质量或注重棉花质量和产量的同时提高，因此这部分农户的质量认知水平较高。由此本书提出：农户禀赋对其质量认知产生一定影响，具体表现为农户的年龄、农户是否为党员、农户的植棉偏好对其质量认知的影响。

（2）农户棉花专业知识的认知能力影响农户的质量认知

认知能力是个体在长期的农业生产中形成的一种判断、识别事物的能力。农户棉花专业知识的认知能力是其产生提升棉花质量意识的关键。本书指出农户棉花专业知识的认知能力对其质量认知产生影响，农户棉花专业知识的认知能力强，其质量认知水平也高，相反，农户棉花专业知识的认知能力低，其质量认知水平也低，可见农户棉花专业知识的认知能力与其质量认知水平之间呈正相关关系。本书中农户棉花专业知识的认知能力具体由农户对棉花质量的总体认知、农户对棉花质量相关指标的熟知情况、农户对与棉花质量相关内容的关注情况三方面表征。具体而言，农户对棉花质量的总体认知与其质量认知的关系表现为农户对棉花质量越了解，其棉花质量认知水平越高，对棉花质量的认知就越好，与此相反，农户对棉花质量的总体认知越低，其棉花质量认知水平也越低，其对棉花质量的认知越不好。农户的棉花质量熟知情况影响其棉花质量认知，具体表现为农户对棉花质量相关指标越熟知，说明其棉花专业知识的认知能力越高，农户对棉花质量的认知越好，反之，农户对棉花质量相关指标熟知得越少,其质量认知水平越低。农户关注的棉花质量内容情况也从侧面反映了农户的质量认知,农户对与棉花质量相关的内容越关注,尤其越关注棉花质量,其对棉花质量相关内容的了解越多,其质量认知水平也越高。由此本书提出:农户棉花专业知识的认知能力对其质量认知产生一定影响,具体从总体认知、熟知情况和关注内容三个变量表征农户棉花专业知识的认知能力,以反映农户棉花专业知识的认知能力对其质量认知的影响。

(3)棉花质量信息获取渠道影响农户的质量认知

农户的棉花生产与其农业信息获得情况息息相关,具体表现为农户是否及时、有效获取农业信息对其植棉活动的影响,如农户的棉种、农药、化肥等农资信息,棉花生产技术信息,棉花价格信息,棉花政策相关信息获得情况对其是否选择种植棉花、棉种选择、农资购买、棉花生产技术采纳、棉花销售等生产经营影响较大。农户的农业信息获取渠道较广泛,农户可通过手机、电视、广播、互联网等媒介自主获取大量农业生产信息,也可通过本村农业技术服务人员、农业信息员、农业合作社等多方获得有关棉花生产经营活动的相关信息。本书将农户的农业信息获取渠道概括为两种类型,一类是农户家庭中的电脑、电视等家庭设备,另一类则是本村农业技术服务人员、农业信息员和农业合作社等。

棉花质量信息获取渠道影响农户的质量认知。本书分析农户从电视、电脑等家庭设备获得棉花质量信息和由本村农业社会化服务组织为农户提供各类棉花生产信息这两方面对其质量认知的影响。具体选用是否有电视、是否有电脑、是否有农业信息员、是否有农业技术服务人员和是否有农业合作社五个变量反映农户的棉花质量信息获取情况。家庭中是否有电脑和是否有电视是农户物质资本的反映。拥有电脑或电视的家庭可从互联网、电视节目等获取有关棉花政策、棉花市场、棉花质量等信息资源,致使农户的质量认知水平较高;而没有电脑、电视的家庭获取棉花相关信息则较为闭塞,导致农户对棉花质量认知度不高。

村庄是由若干农户组成的较小集体单元,村庄的基础设施、公共服务供给与农户的农业生产活动密切相关,村庄农业公共产品供给受村庄规模、人口密度、村庄社会关系等影响[190]。村庄的各项服务供给影响农户的生产活动,进而影响农户对棉花的质量认知。一方面,在有农业信息员的村庄,农户可从农业信息员那获得较为丰富的棉花生产信息、植棉技能、棉花市场行情、与棉花质量相关的指标等各类信息,这些信息有助于农户提升棉花质量,对棉花生产有重要意义。而在没有农业信息员的村庄,农户获取棉花生产信息的渠道较为单一,其对棉花质量的认知仅通过自身了解,相对有限,不利于其棉花质量认知水平的提升。另一方面,在拥有农业生产合作社和农业技术服务人员的村庄，农业生产合作社和农业技术服务人员能够为农户提供有用的农业生产技术，以帮助农户提升棉花质量，同时农户可通过加入合作组织，了解更多有关棉花质量的信息，对棉花质量的认知也会得以提升。然而在没有农业合作社和农业技术服务人员的村庄，农户的组织化程度较低，农户获得棉花质量的信息较为闭塞，未及时获得相应技术会影响农户的质量认知。据此本书提出棉花质量信息获取渠道会影响农户的质量认知。

（4）棉花生产组织模式影响农户的质量认知

农业生产经营组织的建立对规范农户的植棉行为，实现农业生产利润最大化具有重要意义。一般农业生产经营组织讲求集体利益，通过追求集体利益最大化从而实现个人利益[191]。为实现个人效益最大化，农户通常选择参与农业生产经营组织。目前，农业生产经营组织模式呈现多样化发展[192]，不同农户选择参与的棉花生产组织模式存在差别，农户的生产经营方式也呈现差异。目前，新疆棉花产区的棉花生产组织模式大体有四种，为探索棉花生产组织模式对农户质量认知的影响，选择其中有代表性的组织模式进行探究。

选择不同类型棉花生产组织模式的农户，其对棉花质量的认知不同。通过选用农户是否参与"棉农＋企业"型和"棉农＋合作社＋企业"型的棉花生产组织模式变量反映农户选择的棉花生产组织模式对其质量认知的影响。部分农户选择参与"棉农＋企业"型的棉花生产组织模式，这部分农户与企业签订棉花种植协议，依据棉花市场进行生产，与企业之间的交流较频繁，其对棉花质量的认知水平因此提升；大多数农户选择参与"棉农＋合作社＋企业"型的棉花生产组织模式，在合作社的引导下，其棉花生产更科学、规范和标准，农户关于棉花质量的认知水平也因此提升。因此本书提出农户选择的棉花生产组织模式对其质量认知产生影响。

（5）社会交往活动影响农户的质量认知

社会交往活动是农户与他人进行相互交流、沟通与联系的过程。大多数农户的社会交往局限于与其有紧密接触的强关系网，通过礼尚往来等增强关系网[191]。农户之间的社会交往活动可表现为在农业信息、农业技术、农业政策等农业生产领域及其他方面的交流，同时通过增强彼此之间的联系，强化关系网。本书用农户与他人之间的棉花生产交流和农户的家庭社会关系反映农户的社会交往活动。农户的社会交往活动影响农户对棉花质量的认知，一般而言，农户与他人关于棉花生产交流的频率越高，其对棉花质量的认知水平就越高，反之，农户与他人之间有关棉花的生产交流越少，其对棉花质量的认知水平就越低；农户的家庭社会关系影响其质量认知表现在家庭社会网络关系越丰富的农户，有较为丰富的渠道了解棉花质量信息，其质量认知水平较高，反之，家庭社会关系网络较少的农户因了解棉花质量的渠道较少，其质量认知水平不高。

（二）实证模型构建

由于选取的因变量农户对棉花质量的认知水平不是一个连续变量，而是有序多分类变量，因此采用李克特量表将新疆农户对棉花质量的认知水平划分为3个层次：较低认知水平、一般认知水平和较高认知水平，并选用 Logistic 回归模型，从农户视角出发探析影响农户质量认知水平的主要因素。本书之所以选取多元有序 Logistic 回归模型，是因为该模型与普通回归模型相比，它不要求各变量满足正态分布或等方差，同时可分析因变量为多元有序的变量，因此书中在分析影响农户对棉花质量认知的因素时构建了关于农户对棉花质量认知水平的 Logistic 模型。

关于 y（农户对棉花质量的认知水平）的 Logistic 模型[188] 如下：

$$P(y=j/x_i) = \frac{1}{1+e^{-(\alpha_j+\beta x_i)}} \qquad (4-1)$$

式（4-1）中：x_i 表示第 i 个指标，y 代表新疆农户对棉花质量认知水平的某一等级（较低认知水平、一般认知水平和较高认知水平）的概率，$j=1$，2，3，4，5，α_j 是模型的截距，β 是一组与 x 相对应的回归系数。据此建立累积 Logistic 回归模型：

$$\text{Logit}(P_i) = \ln[P(y\leqslant j)/P(y\geqslant j+1)] = \alpha_j + \beta x \qquad (4-2)$$

式（4-2）中：$j=1$，2，3，4，5，x 表示影响农户质量认知水平的指标，α_j 是模型的截距，β 是一组与 x 相对应的回归系数。

（三）模型估计与结果

1. 模型自变量的相关性及共线性检验

在进行多元有序 Logistic 模型回归之前，需要对选取的自变量进行相关性和共线性检验，研究中运用 Stata13.1 软件对自变量之间是否存在相关性及是否存在共线性进行检验。

（1）相关性检验

相关性检验是研究分析变量之间相关方向及相关程度的统计分析方法。通常有两种判断相关性的方法，一是通过制定相关图或相关表判断现象之间呈何种关系，二是通过计算变量之间的相关系数以精确描述变量之间的相关关系，如计算 Pearson 相关系数、Spearman 等级相关系数、Kendall 秩相关系数和偏相关系数[193]。由于选择的变量数量较多，各自变量之间难免存在自相关问题，因而本书为更好地进行 Logistic 模型回归，在回归分析之前，对纳入模型的各个自变量运用 Pearson 相关系数进行检验。结果显示各个变量之间相关系数的绝对值均小于 0.51，初步可以推断各个自变量之间的相关性问题并不严重，可进行后续的 Logistic 分析。

（2）共线性检验

本书为检验模型中所选取自变量是否存在共线性问题，运用 Stata13.1 对相关性检验后剩余的各个自变量进行多重共线性检验（表 4 - 6）。判断各个变量之间是否存在多重共线性需同时满足以下条件：一是最大方差膨胀因子（VIF）大于 10，二是平均方差膨胀因子（Mean VIF）大于 1。由表 4 - 6 可知各个变量中最大的方差膨胀因子值为 1.44，小于 10，平均方差膨胀因子的数值为 1.17，大于 1，但二者并不同时满足 Stata 中判断变量间多重共线性的标准，因此各变量之间不存在严重的共线性问题。

表 4 - 6　各变量间多重共线性诊断结果

变量	方差膨胀因子（VIF）	容差（TOL）
X_{34}	1.44	0.694 7
X_{33}	1.41	0.711 7
X_{22}	1.35	0.743 3
X_{23}	1.29	0.775 3
X_{42}	1.20	0.836 2
X_{31}	1.12	0.893 4
X_{35}	1.11	0.898 8
X_{51}	1.11	0.902 2
X_{32}	1.11	0.902 5
X_{41}	1.11	0.903 3
X_{21}	1.10	0.908 0
X_{13}	1.07	0.935 3
X_{12}	1.06	0.943 3
X_{11}	1.05	0.950 6
X_{52}	1.03	0.969 2
Mean VIF	1.17	

2. 模型回归结果

运用多元有序 Logistic 模型探析影响农户质量认知的主要因素，模型结果见表 4 - 7。

（1）农户禀赋对其质量认知的影响

农户禀赋对农户质量认知的影响表现在农户的植棉偏好对其质量认知的影响。研究中植棉偏好变量通过了 1% 的显著性检验，且对农户质量认知有正向影响，说明随着农户植棉偏好的改变其质量认知也随着发生变化。具体表现为农户在棉花生产过程中仅注重棉花产量而忽视棉花质量，其对棉花质量的关注程度下降，其质量认知水平也相应下降；若农户在棉花生产过程中注重质量，其对棉花质量的关注程度相应提升，其棉花质量认知水平也有一定程度的提升；此外，当农户在棉花生产过程中既注重棉花质量又注重棉花产量时，其质量认知水平也相应提升，说明农户的植棉偏好对于其质量认知有较大影响。出现该情形的原因可能是在棉花生产过程中，注重棉花质量的农户，其具有较强的质量意识，通过自身植棉方式的转变提升棉花质量的行动力较强，因而表现出较高水平的质量认知；而质量意识较为淡薄的农户，其更多关注棉花产量的提高，通过棉花生产提升质量的行动力不足，其质量认知水平不高。然而农户禀赋中年龄和是否为党员变量均未通过显著性检验，这些变量在研究中不显著，说明二者对农户的质量认知影响不突出。这两个变量不显著并不表示农户年龄和是否为党员变量对农户质量认知没有任何影响，仅说明其他变量相对这些变量对农户质量认知的影响更大。

（2）农户棉花专业知识的认知能力对其质量认知的影响

农户棉花专业知识的认知能力影响农户的质量认知，主要表现在农户对棉花质量的总体认知对其质量认知的影响。农户对棉花质量的总体认知变量与农户的质量认知之间呈现正相关关系，且通过1％的显著性检验，表明农户对棉花质量的总体认知水平越高，其棉花专业知识的认知能力越强，从而农户的质量认知水平越高，这与上文中的预期作用方向保持一致，表明农户对棉花质量的总体认知水平越高，其质量认知水平也越高。反之，当农户对棉花质量的总体认知水平较低时，农户的质量认知水平也不高。而反映农户棉花专业知识的认知能力的熟知情况、关注内容等变量对其质量认知的影响不突出，在本研究中未通过显著性检验，可见这两个变量对新疆棉农的质量认知影响不突出。

（3）棉花质量信息获取渠道对农户质量认知的影响

棉花质量信息获取渠道对农户质量认知的影响表现在是否有电脑、是否有农业技术服务人员和是否有农业合作社变量对其质量认知的影响。首先，是否有电脑变量对新疆农户的质量认知有突出的正向影响，且在1％水平上显著，与上文预期作用方向一致，说明棉农家中有无电脑会影响其质量认知。通常大多数农户家庭均配置电视，但电脑不一定配备，拥有电脑的农户家庭能够从互联网获取更多棉花质量信息，对当前棉的国际形势和国内棉花市场价格等会形成较为正确的认知，因此其对棉花质量的认知水平高于未配备电脑的农户家庭。其次，是否有农业合作社和是否有农业技术服务人员变量对其质量认知影响显著，且分别通过1％、5％的显著性检验。被调研农户所在村庄是否有农业合作社变量与农户质量认知呈负相关关系，这与上文预期作用方向相反，说明有合作社的地区农户的质量认知水平反而不高，出现该状况的原因可能是：①与研究区的棉花合作社发展有关，部分地区棉花合作社发展尚处于初级阶段，其规模有限和规范性不高，因而对农户的影响不大；②没有合作社的村庄，农户为实现种植棉花收益的最大化，促使其通过多种渠道了解棉花相关信息，其对棉花质量的认知有所增加；③受研究中样本量影响，被调研区域没有合作社的村庄占较大比重，有合作社的比重较小。再次，是否有农业技术服务人员变量与农户质量认知之间呈正相关关系，且通过5%的显著性检验，这与预期作用方向保持一致，表明有农技人员的村庄，农户对棉花质量的认知水平显著提升。在有农业技术服务人员的村庄，农技人员定期组织棉农培训，农户在培训后其植棉技能得以提升，且对棉花市场所需的高品质棉花有了一定了解，其对棉花质量指标的识别能力有一定提升，从而其质量认知水平提升。没有农技人员的村庄，农户缺乏农业技术人员的专业指导，其对农业技术、棉花市场、政策及对棉花质量相关的指标认知不足，农户的棉花质量认知较为淡薄。最后，是否有电视变量和是否有农业信息员变量对农户的质量认知未通过显著性检验，说明二者对农户质量认知无较大影响。

（4）棉花生产组织模式对农户质量认知的影响

棉花生产组织模式对农户质量认知的影响较突出，其中农户选择参与"棉农＋企业"型和农户选择参与"棉农＋合作社＋企业"型变量均通过5%的显著性检验。其中农户选择参与"棉农＋企业"型变量对其质量认知有显著的正向影响，这与预期作用方向保持一致，可见选择参与"棉农＋企业"型棉花生产组织模式的农户更多地受农业生产经营组织的影响，其质量认知水平较高。选择"棉农＋企业"型的农户与选择参与其他农业生产组织模式的农户相比，前者能够直接与企业接触获得市场对棉花质量的要求信息，棉花质量信息获得及时且更为准确，农户的棉花质量认知水平较高。而农户选择参与"棉农＋合作社＋企业"型变量对农户质量认知有显著的负向影响，与研究假设相反，说明未参与"棉农＋合作社＋企业"型的农户，其质量认知水平较高，这可能受研究中样本限制，被调查农户参与"棉农＋合作社＋企业"型的比重较小，而选择其他模式的农户占比较大，与预期作用方向相反。

（5）社会交往活动对农户质量认知的影响

社会交往活动是影响农户质量认知的因素之一，其中家庭社会关系变量对农户质量认知有正向影响，且在5%的水平下显著，这与预期作用方向保持一致，可见随着棉农家庭社会关系数量的增多，农户有较多的途径获得棉花市场、棉花质量、政策等相关信息，其对棉花质量的认知水平也逐渐提升。反之，农户的家庭社会关系数量减少，其获得棉花质量相关信息的渠道减少，农户自身对棉花质量的关注范围有限，其对棉花质量的认知水平相应下降。而农户与其他农户之间的棉花生产交流变量则对农户质量认知的影响不显著，这可能是因为农户与其他农户的棉花生产交流，虽可增加农户对棉花质量的了解，但本书中该变量对其质量认知的影响与其他变量相比并未表现出突出影响。

表 4-7　影响农户质量认知的 Logistic 模型回归结果分析

变量	系数	标准误	Z 统计量	P 值
X_{11}	0.188	0.139	1.350	0.176
X_{12}	−0.236	0.230	−1.030	0.305
X_{13}	0.257***	0.097	2.640	0.008
X_{21}	0.296***	0.110	2.700	0.007
X_{22}	0.114	0.100	1.140	0.253
X_{23}	0.225	0.177	1.270	0.203
X_{31}	−0.314	0.303	−1.040	0.300
X_{32}	0.508***	0.186	2.740	0.006
X_{33}	−0.131	0.214	−0.610	0.540
X_{34}	0.515**	0.211	2.440	0.015
X_{35}	−0.556***	0.186	−2.990	0.003
X_{41}	0.458**	0.224	2.040	0.041
X_{42}	−0.550**	0.266	−2.070	0.039
X_{51}	0.282**	0.131	2.160	0.031
X_{52}	0.239	0.202	1.180	0.236
临界点（Limited Point）				
LIMIT 1	2.209	0.894		
LIMIT 2	4.549	0.914		
LR X^2	67.64		Prob > X^2	0
Pseudo R^2	0.067		Log likelihood	−473.477

注：表中 ** 和 *** 分别表示解释变量在 5% 和 1% 水平上显著。

四、本章小结

本章在运用描述性统计分析方法分析农户的质量认知水平及其差异性的基础上，构建有关农户质量认知的多元有序 Logistic 回归模型探讨影响农户质量认知的关键因素，得到以下结论。

一是，农户质量认知的内容涵盖棉花色泽认知、棉花纤维长度认知、棉花纤维成熟情况认知、棉花纤维韧性认知及棉花纤维长度整齐度认知。运用统计描述分析农户的质量认知发现：农户对棉花色泽、棉花纤维长度和棉花纤维成熟情况的认知度较好，以"一般了解"为主，而农户对棉花纤维韧性和棉花纤维长度整齐度的认知度不高。整体上农户对棉花质量虽有一定认知，但对与棉花质量相关的内在指标的理解及认知度仍有较大的提升空间。

二是，不同农户对棉花质量的认知存在差异，总体上农户对棉花质量的认知以"一般了解"为主，其对棉花质量的了解程度呈倒"V"形分布，农户对棉花质量的认知程度变化趋势由"不了解—不太了解—一般了解"逐渐递增，再由"比较了解—非常了解"递减。农户对棉花质量的认知以一般认知水平为主，其次是较高认知水平，最后是较低认知水平。同时农户对棉花质量的认知存在地域性和规模性差异。

三是，在综合分析农户质量认知的内容、农户对棉花质量的认知及其质量认知差异性的基础上，本书对影响农户质量认知的因素进行探索，结果表明农户质量认知受诸多因素影响，其中农户禀赋、农户棉花专业知识的认知能力、棉花质量信息获取渠道、棉花生产组织模式、社会交往活动均对农户的质量认知影响显著，具体影响农户质量认知的变量有植棉偏好、总体认知、家庭社会关系、是否有电脑、是否有农业技术服务人员、是否有农业合作社、"棉农＋企业"型棉花生产组织模式、"棉农＋合作社＋企业"型棉花生产组织模式变量，而农户年龄、是否为党员、农户对棉花质量相关指标的熟知情况、农户关注棉花质量的相关内容、是否有电视、棉花生产交流变量对农户的质量认知影响不显著。

第五章 农户质量认知对其棉花生产行为感知影响的实证分析

行为感知作为农户行为的表现形式,它出现在农户具体行为发生之前。当农户对某种行为的感知达到一定程度时便会促使其行为的发生。本书中农户的棉花生产行为感知指的是农户感知自身行为对棉花质量的影响,当农户感知自身的某种行为对棉花质量影响很大时,农户会产生改变现有生产行为的意愿,作为理性经济人,其会采取相应的措施适时改变这种行为。研究区域农户的棉花生产行为感知如何?有哪些因素会影响农户的行为感知?带着这样的疑问,本章在上一章分析农户质量认知的基础上,结合新疆棉农调研数据,采用 FA - SEM 模型探析农户质量认知、环境感知与棉花生产行为感知之间的作用关系,为今后规范农户植棉、提高棉花质量奠定基础。

一、"质量认知—环境感知—生产行为感知"分析框架

社会认知理论是一种综合内因决定论和外因决定论的三方交互理论,即人的认知、行为及外在环境之间构成动态的互惠决定关系,三者彼此相互联系,相互决定[164、194]。该理论的主体认知和环境的相互决定关系说明个体特征、认知机能等是环境作用的产物,环境的作用是潜在的,由主体认知把握[165]。农户对棉花质量的认知有环境的作用,例如政策环境、棉田环境等外在环境。该理论还指出主体认知与行为间的相互决定关系意味着主体因素(目标、意向等)决定个体的行为方式,而行为的反馈和外部结果决定着个体的思想、信念等[165]。农户质量认知与其棉花生产行为感知之间的关系表现为:农户对棉花质量的认知程度越高,其棉花生产行为感知表现越突出。环境状况作为一种现实条件决定主体行为的方向和强度,而行为改变着环境以适应人的需求[165],外在的生产环境决定着农户的棉花生产行为感知,体现在农户感知外在环境对其棉花生产行为感知的影响。社会认知理论被广泛应用于分析主体及群体行为,以识别哪些方法可以改变行为[166、196],农户作为棉花生产决策者,其棉花生产行为感知受个人认知及外在环境共同作用。社会认知理论虽指出个人认知、环境及行为三者之间存在交互关系,本书侧重分析农户的质量认知、环境感知对其棉花生产行为感知的影响。

（一）农户认知视角下棉花生产行为感知的发生机制

1. 农户质量认知对其环境感知的影响

认知和感知是主体心理活动的两种表现形式，认知是个体对所获取的信息进行筛选、组织与理解的过程[197]，而感知侧重于个体对外界信息的直接感知和体验[161]。农户质量认知是农户依据自身知识体系对所获得的棉花质量信息进行筛选、组织与理解后而形成的特有认知。外部自然环境及政策环境对农户的影响形成其环境感知，包括农户的政策环境感知和棉田环境感知。由此，本书结合实情况提出农户质量认知与环境感知的关系大体可以表述为：农户质量认知正向影响其环境感知，同时本书依据上述分析内容提出如下假说。

$H1$：农户质量认知程度越高，其政策环境感知越明显。

农户质量认知与政策环境感知之间关系密切，具体表现为农户质量认知与其政策环境感知之间呈正相关关系。农户对政策的认识与判断形成农户的政策环境感知，具体涵盖农户对相关政策的了解程度和认可程度[198]，它既反映了客观的政策条件，也反映了农户的个人特质[199]。质量认知水平较高的农户对棉花质量关注度高且更注重棉花质量，其大多通过多种渠道了解棉花质量信息，对棉花质量相关政策的重视程度较高，因此其棉花政策环境感知能力较高，而较低质量认知水平的农户则与之相反。

$H2$：农户质量认知度越高，其棉田环境感知越明显。

社会认知理论认为主体认知与环境之间互相影响[198]，具体表现为农户质量认知与其棉田环境感知呈正相关关系。棉田环境是影响棉花质量的重要外部因素，而农户质量认知在一定程度上受棉田环境影响。农户在认识到棉田环境会影响棉花质量的情况下逐渐形成棉田环境感知。随着农户质量认知度的提升，其对棉花质量的感知受棉田环境影响的程度加深，相对应的其棉田环境感知程度也相应提升。反之，农户的质量认知度降低，其棉田环境感知程度相应下降。

$H3$：农户的政策环境感知对其棉田环境感知有正向影响。

政策环境与棉田环境作为外部因素影响着农户感知，具体表现为农户的政策环境感知与其棉田环境感知之间呈正相关关系。农户对棉花相关政策越了解，其感知政策环境对棉花质量的影响越深刻，促使其产生改变现有棉田环境的意愿，其感知棉田环境影响棉花质量的程度相应提升。反之，农户的政策环境感知程度降低，其对棉花品质的重视程度下降，也会忽视棉田环境对棉花质量的影响，其棉田环境感知能力随之降低。

2. 农户质量认知对其棉花生产行为感知的影响

关于认知和行为的关系没有一个明确结论。认知行为理论强调认知是行为的基础[166]，因此本书提出农户质量认知对其棉花生产行为感知影响突出。主体的认知与行为相互联系、相互决定[195]。农户对棉花质量有怎样的认知，便会采取何种措施，其行为反应则体现了农户质量认知的差异。行为由外部环境和主体认知共同决定，认知起主导作用[195]。农户的棉花生产行为感知受主体质量认知、政策扶持与棉田环境等影响，而质量认知对其棉花生产行为感知影响较大。据此，本书提出农户质量认知与其棉花生产行为感知的假说。

$H4$：农户的质量认知与其棉花生产行为感知呈正相关关系。

质量认知在农户棉花生产活动中起关键作用，但这种认知在农户之间存在一定差异，表现为两种情形：一部分农户会采取提高棉花质量的方式进行生产，另一部分农户则依旧按照以往的植棉经验开展生产。质量认知水平较高的农户，大多会选择优质棉种、采用新技术等来提升棉花质量，由此产生农户的一系列优质棉花生产行为。而质量认知水平程度不高的农户则与之相反，大多依旧根据传统的种植方式进行棉花生产，其对棉花生产行为影响棉花质量的感知较为薄弱。

3. 农户环境感知对其棉花生产行为感知的影响

行为与环境相互依赖，环境可以对农户的潜在行为产生影响，促使其逐渐转化为实际行动，同时主体的行为也可以决定部分环境成为实际影响主体行为的环境[195]。农户的环境感知对其棉花生产行为感知的影响具体表现为农户的政策环境感知和棉田环境感知对其棉花生产行为感知的影响。农户对政策及棉田环境的感知程度差异使得其棉花生产行为感知不同。据此，本书提出农户的环境感知与其棉花生产行为感知的如下假说。

$H5$：农户的政策环境感知对其棉花生产行为感知有正向影响。

农户如何解读政策会促使其做出相应的政策响应[200]。农户对棉花政策理解得越透彻越能根据政策指示进行决策，进而影响农户的棉花生产行为感知。政策感知越强烈的农户越能感知政策环境对棉花质量提高的影响，促使其积极了解相关政策并采取提高棉花产量、提升棉花品质的措施。政策环境感知较为薄弱农户则相反，其对棉花质量的了解程度不深，且感知政策环境对棉花质量的影响能力有限，其按照政策指示生产高品质棉花的行动力较低，其行为感知表现不突出。

$H6$：农户的棉田环境感知与其棉花生产行为感知之间有突出的正向联系。

农户作为影响农业环境的直接主体[201]，其对棉田环境的感知程度影响其棉花生产行为感知。农户的棉田环境感知越深刻，其越能够认识到棉田环境对棉花质量的重要作用，促使其采取一系列增强棉花品质的措施，此时农户的棉花生产行为感知表现较为突出。农户棉田环境感知程度较低的农户则与之相反，其感知棉田环境影响棉花质量的意识较为淡薄，可能忽略棉田环境对棉花质量的影响，其改善棉田的行动力较为不足，因而其棉花生产行为感知表现不突出。

（二）"质量认知—环境感知—生产行为感知"分析框架的提出

随着学术界对农户生产行为研究的深入，社会认知理论也逐渐被引入有关农户行为[202]的研究中，但基于该理论的研究成果主要集中在社会学、心理学等领域，涉及经济学、管理学的相关研究较为缺乏，尤其关于农户主体的研究较少。社会认知理论可以很好地解释主体认知、环境与行为之间的内在联系[161]。本书以该理论中认知、环境与行为之间的交互关系为研究起点，通过引入知觉行为变量衡量主体质量认知、环境感知，考察农户质量认知及外部环境感知对其棉花生产行为感知的影响。据此构建"质量认知—环境感知—生产行为感知"的分析框架，以厘清农户棉花质量认知、环境感知及棉花生产行为感知之间的逻辑关系（图5-1）。

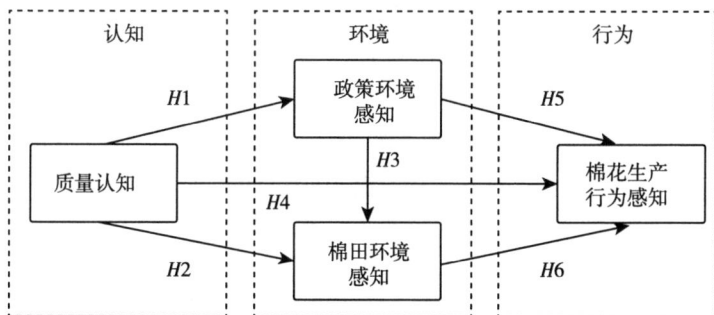

图5-1　"质量认知—环境感知—生产行为感知"分析框架

二、模型设定与变量选取

（一）模型设定

1. 因子分析

因子分析（FA）是一种多变量数据分析方法，包括探索性因子分析和验证性因子分析。该方法首先是设置相应量表，然后对量表进行信度和效度检验，再利用探索性数据分析清除冗余信息以达到优化量表的目的[203]。验证性因子分析是检查预设因子模型与实际数据是否达成一致的过程，也是检验研究假设的过程。本书参考李伟等研究成果[204]，运用因子分析探寻影响棉花质量的农户生产行为感知的主要因子。假设有 k 个原始变量，具体表示为 X_1，X_2，…，X_k，而 k 个变量可由 n 个因子 H_1，H_2，…，H_k 表示为线性组合，其基本公式为：

$$\begin{cases} X_1 = a_{11}H_1 + a_{12}H_2 + \cdots + a_{1n}F_n + \varepsilon_1 \\ X_2 = a_{12}H_1 + a_{22}H_2 + \cdots + a_{2n}F_n + \varepsilon_2 \\ \cdots\cdots \\ X_k = a_{k1}H_1 + a_{k2}H_2 + \cdots + a_{kn}F_n + \varepsilon_k \end{cases} \quad (5-1)$$

其中 X_1，X_2，$\cdots$，X_R 为可观测的 1，2，$\cdots$，k 维度变量矢量；H_1，H_2，$\cdots$，H_R 为因子变量矢量，每一分量表示 1 个因子，即公因子；$\begin{bmatrix} a_{11}\cdots a_{1n} \\ a_{12}\cdots a_{2n} \\ a_{R1}\cdots a_{Rn} \end{bmatrix}$ 矩阵是名称为 A 的因子载荷矩阵，元素 a_{11}，a_{12}，a_{Rn} 为因子载荷，ε_1，ε_2，$\cdots$，ε_{Rn} 为原始变量中不能用因子解释的部分。

2. 结构方程模型

结构方程模型（SEM）出现于 20 世纪 60 年代，与一般的统计分析方法相比，结构方程模型的优点在于可以克服各变量间的共线性问题，以检验模型中显变量、潜变量和误差变量间的关系[205]。当选取因子较多时，可由探索性因子分析提取主要影响因子，再运用验证性因子分析潜在自变量与因变量之间的关系。因此，本书将运用结构方程模型探析影响农户棉花生产行为感知的关键因素。SEM 中结构模型用来反映潜变量结构间的关系，测量模型则反映可测变量与潜变量间的关系[206]，由以下 3 个矩阵方程式代表：

$$Y = \Lambda_y\eta + \varepsilon \quad (5-2)$$

$$X = \Lambda_x\xi + \sigma \quad (5-3)$$

$$\eta = B\eta + \Gamma\xi + \zeta \quad (5-4)$$

式（5-2）和式（5-3）为测量模型，X 为外生潜变量的可测变量，Y 为内生潜变量的可测变量，Λ_x 和 Λ_y 为因子载荷矩阵，分别表示外生潜变量与其可测变量的关联系数矩阵和内生潜变量与其可测变量的关联系数矩阵，ε 和 σ 为误差项。式（5-4）为结构模型，η 为内生潜变量，ξ 为外生潜变量，η 通过 B 和 Γ 系数矩阵和误差向量 ζ 将内生潜变量和外生潜变量联系起来。潜变量可通过测量模型中的可测变量反映。

（二）变量选取

潜变量的确定是模型建立的基础[207]。本书根据上文研究假说并参考国内外相关研究，对质量认知、环境感知及生产行为感知进行界定。其中，质量认知指农户对棉花质量的了解情况，例如农户对棉花纤维长度、棉花色泽、棉花纤维成熟情况、棉花纤维韧性及棉花纤维长度整齐度等的认知。环境感知指农户对棉田的盐碱程度、土壤板结情况、肥力及缺水状况等棉田环境的感知，抑或是农户对棉花相关政策的感知。生产行为感知指农户的棉花生产行为感知，即农户感知能够提高棉花质量、增加棉花产量的一系列行为。因此，本书共选取农户的棉花生产行为感知、质量认知、政策环境感知和棉田环境感知四个层面19个变量，去探究影响农户棉花生产行为感知的因素，找出提高棉花质量的解决办法。将农户的棉花生产行为感知作为潜在因变量，将农户的质量认知、政策环境感知和棉田环境感知作为潜在自变量，变量定义及统计描述见表5-1。

表5-1　变量的定义及统计描述

潜变量	变量名称	代码	含义及赋值	标准差	均值
棉花生产行为感知（B）	棉花品种选择	b1	农户感知棉花生产行为对棉花质量的影响程度：1＝无影响，2＝影响程度一般，3＝影响程度很大	1.23	0.51
	播种期确定和播种技术选择	b2		1.32	0.56
	农药化肥配比适量	b3		1.36	0.59
	节水灌溉技术采用	b4		1.34	0.60
	病虫害防控	b5		1.31	0.56
质量认知（C）	棉花色泽	c1	农户对棉花质量的认知度：1＝不了解，2＝不太了解，3＝一般了解，4＝比较了解，5＝非常了解	2.86	1.05
	棉花纤维长度	c2		2.88	0.99
	棉花纤维成熟情况	c3		2.58	1.10
	棉花纤维韧性	c4		1.96	0.92
	棉花纤维长度整齐度	c5		2.14	1.04
政策环境感知（P）	棉花纤维质量评价标准	p1	农户对与棉花质量相关政策的感知情况：1＝了解，0＝不了解	0.29	0.45
	棉花质量相关政策	p2		0.29	0.45
	建立棉花生产保护区	p3		0.58	0.49
	质量兴农战略	p4		0.75	0.43
	目标价格政策试点时间	p5		0.79	0.41
棉田环境感知（M）	棉田盐碱化程度	m1	农户感知棉田环境影响棉花质量的程度：1＝无影响，2＝影响程度一般，3＝影响程度很大	1.41	0.58
	棉田土壤板结情况	m2		1.39	0.55
	棉田肥力	m3		1.34	0.53
	棉田缺水状况	m4		1.20	0.46

三、实证结果分析

（一）信度、效度检验与探索性因子分析

一般信度可利用Cronbach's α系数与结构方程模型检验，效度检验包括内容效度和建构效度，样本数据可作因子分析表明其构建效度良好[208]。信度即

可靠性，包括内在和外在信度分析，一般用 Alpha 信度和分半信度等判断信度，本书采用 Alpha 信度分析，该信度系数一般在 $0\sim1$，α 值越大表示数据的信度越高[209]。为确定本书调查问卷的可靠性和有效性，使用软件 Spss 21.0 对潜变量和可观测变量进行信度和效度分析。研究中问卷整体的 Cronbach's α 系数值为 0.657，表明问卷信度良好，数据比较可靠，潜变量（棉花生产行为感知、质量认知、政策环境感知及棉田环境感知）的 Cronbach's α 系数值分别为 0.808、0.749、0.660 和 0.624，说明各项指标存在一致性。本书对潜变量的观测指标采用主成分因子与方差最大正交旋转方法进行分析，提取 4 个主因子方差累积贡献率达 50% 以上，且各个可观测变量的标准因子载荷系数均大于 0.56，由此表明各个潜变量的结构效度良好。KMO 值的大小可作为判断选取变量是否适宜进行因子分析的依据，一般认为 KMO 值在 $0.7\sim1.0$ 比较适合进行因子分析[210]。本书 KMO 和 Bartlett 球形度检验中 KMO 值为 0.710，大于临界值 0.700，近似 χ^2 值为 2 283.244，自由度为 171，显著水平为 0.000，明显小于 0.001 的显著性水平，可见样本比较适合进行因子分析。基于主成分分析法对选取的数据进行探索性因子分析，农户棉花生产行为感知、质量认知、政策环境感知和棉田环境感知中可观测变量的因子载荷较高，且处于 $0.564\sim0.786$，各潜变量间的结构效度较好。4 个公共因子对量表的解释率达 50.354%，与预先设定的假设较吻合，表明数据适合进行因子分析。

表 5-2　样本信度/效度及因子分析情况

潜变量	可观测变量	符号	标准因子载荷	Cronbach's α 系数	贡献率 (%)	累积贡献率 (%)
棉花生产行为感知 (B)	农药化肥配比适量	b3	0.764			
	病虫害防控	b5	0.762			
	播种期确定和播种技术选择	b2	0.749	0.808	16.231	16.231
	节水灌溉技术采用	b4	0.736			
	棉花品种选择	b1	0.730			
质量认知 (C)	棉花纤维长度	c2	0.786			
	棉花纤维韧性	c4	0.716			
	棉花纤维长度整齐度	c5	0.700	0.749	14.299	30.530
	棉花色泽	c1	0.683			
	棉花纤维成熟情况	c3	0.639			

（续）

潜变量	可观测变量	符号	标准因子载荷	Cronbach's α 系数	贡献率（%）	累积贡献率（%）
政策环境感知（P）	建立棉花生产保护区	p3	0.746	0.660	10.727	41.257
	质量兴农战略	p4	0.682			
	棉花纤维质量评价标准	p1	0.607			
	棉花质量相关政策	p2	0.582			
	目标价格政策试点时间	p5	0.564			
棉田环境感知（M）	棉田盐碱化程度	m1	0.735	0.624	9.097	50.354
	棉田土壤板结情况	m2	0.688			
	棉田肥力	m3	0.663			
	棉田缺水状况	m4	0.615			

（二）验证性因子分析

利用 AMOS21.0 软件对样本数据进行验证性因子分析（表 5 - 3），由表 5 - 3 农户棉花生产行为感知结构方程模型变量间的回归结果中可观测变量临界比（Critical Ratio，简称 C. R. ）可以看出，除农户的质量认知对其棉田环境感知、政策环境感知对其棉花生产行为感知、质量认知对其棉花生产行为感知路径的临界比值较小，检验结果不显著外，其他可观测变量的临界比值均大于临界值 1.96，表明新疆农户的质量认知、环境感知与棉花生产行为感知之间的可观测变量与潜变量的拟合度较好。结构方程模型一般用路径系数的方向和显著性来判断假说是否成立[209]，质量认知→政策环境感知、政策环境感知→棉田环境感知、棉田环境感知→棉花生产行为感知的路径系数均为正向且通过显著性检验，结果与 H1、H3、H6 假说保持一致，但质量认知→棉田环境感知、质量认知→棉花生产行为感知的路径系数均为负，未通过 5% 的显著性检验，政策环境感知→棉田环境感知的路径系数虽为正值，但并未通过 5% 的显著性检验，说明研究中的假设 H2、H4 和 H5 不成立。出现该现象的原因可能是农户的质量认知、政策环境感知和棉田环境感知均属于主观知觉，主观知觉对于个体行为会产生直接影响。具体而言，农户个体特征会直接影响其认知，研究中农户的个人及家庭特征等对农户的棉花质量认知、政策环境感知和棉田环境感知均产生了一定影响，若周围环境发生改变同样也影响农户的感知，如在现有的政策环境和棉田环境下，农户在日常生活中逐渐形成了特有的政策环境感知和棉田环境感知。由于农户接受新事物的能力存在差异，质量认知及环境感知对农户的棉花生产行为感知的影响程度不同，农户的棉花生产行为感知反映大不相同。

表 5 - 3　农户棉花生产行为感知结构方程模型变量间的回归结果

潜变量/可观测变量	路径	潜变量	未标准化路径/载荷系数	S.E.	C.R. 值	标准化路径/载荷系数
政策环境感知	←	质量认知	0.027**	0.012	2.204	0.135
棉田环境感知	←	质量认知	−0.019	0.026	−0.731	−0.045
棉田环境感知	←	政策环境感知	0.325**	0.154	2.106	0.152
棉花生产行为感知	←	棉田环境感知	0.334***	0.094	3.569	0.239
棉花生产行为感知	←	政策环境感知	0.146	0.180	0.811	0.049
棉花生产行为感知	←	质量认知	−0.037	0.032	−1.155	−0.062
棉花纤维质量评价标准	←	政策环境感知	1.000			0.317
棉花质量相关政策	←	政策环境感知	0.945***	0.168	5.625	0.299
建立棉花生产保护区	←	政策环境感知	2.554***	0.447	5.711	0.740
质量兴农战略	←	政策环境感知	2.044***	0.358	5.707	0.679
目标价格政策试点时间	←	政策环境感知	1.000			0.685
棉花色泽	←	质量认知	0.488***	0.062	7.893	0.386
棉花纤维韧性	←	质量认知	0.688***	0.075	9.161	0.450
棉花纤维成熟情况	←	质量认知	1.271***	0.115	11.051	0.927
棉花纤维长度	←	质量认知	0.552***	0.070	7.832	0.383
棉花纤维长度整齐度	←	质量认知	1.000			0.731
棉花品种选择	←	棉花生产行为感知	0.881***	0.067	13.060	0.680
播种期确定和播种技术选择	←	棉花生产行为感知	0.768***	0.061	12.567	0.650
农药化肥配比适量	←	棉花生产行为感知	0.894***	0.072	12.416	0.634
节水灌溉技术采用	←	棉花生产行为感知	0.898***	0.067	13.301	0.695
病虫害防控	←	棉花生产行为感知	1.000			0.581
棉田盐碱化程度	←	棉田环境感知	1.103***	0.147	7.500	0.585
棉田肥力	←	棉田环境感知	1.000***	0.135	7.416	0.550
棉田土壤板结情况	←	棉田环境感知	1.192***	0.238	5.006	0.417
棉田缺水状况	←	棉田环境感知	0.708***	0.103	6.841	0.475

注：***、**、*分别为1%、5%、10%的显著水平。C.R. 值大于临界值1.96说明潜变量与可观测变量间的载荷系数估计显著性较高。

结构方程模型中测量模型可以用来反映各可测指标与潜变量间的关系。从图 5 - 2 农户棉花生产行为感知结构方程路径可将各可测指标与潜变量的关系归纳为以下几个方面。

第一，在反映质量认知的指标中，棉花纤维长度、棉花色泽、棉花纤维成熟情况、纤维韧性、纤维长度整齐度变量都对农户的政策环境感知影响显著，这些指标与农户政策环境感知的标准化路径系数依次减小，分别是0.93、0.69、0.45、0.39、0.38，可见农户对棉花纤维长度、棉花色泽、棉花纤维成熟情况、棉花纤维韧性、棉花纤维长度整齐度的认知越强烈，其感知政策环境对棉花质量的影响越深刻，表明农户的质量认知有助于提升其对政策环境的感知。农户的政策环境感知受农户质量认知影响，与社会认知理论中环境的作用由主体认知把握[103]保持一致。第二，在反映政策环境感知的5个指标中，建立棉花生产保护区、质量兴农战略、目标价格政策试点时间、棉花纤维质量品质评价标准和棉花质量相关政策变量对农户的棉田环境感知影响依次减弱，其标准化路径系数分别是0.74、0.68、0.42、0.32和0.30，可见农户的政策感知越强烈，其感知棉田环境影响棉花质量的程度越深刻。第三，在反映棉田环境感知的指标中，棉田盐碱程度、棉田肥力、棉田土壤板结情况、棉田缺水状况变量对农户的棉花生产行为感知影响逐渐降低，各个变量的标准化路径系数分别为0.58、0.58、0.55、0.48。第四，在反映农户棉花生产行为感知的5个可观测变量中，各个观测变量对其的影响显著，其中农户的农药化肥配比适量、病虫害防控、播种期确定和播种技术选择、棉花品种选择和节水灌溉技术采用对农户棉花生产行为感知的影响逐渐降低，其路径系数分别为0.73、0.69、0.68、0.65和0.63。

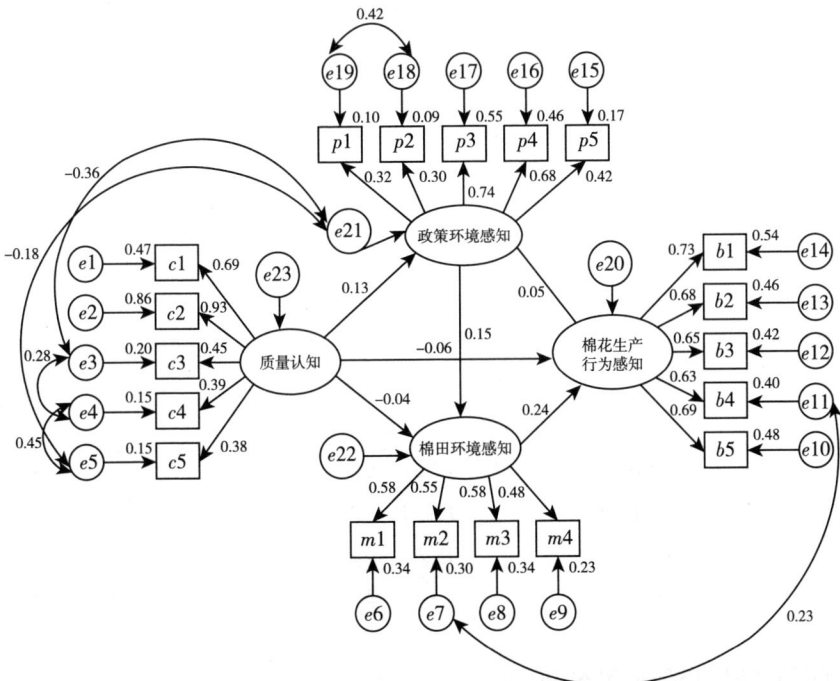

图 5-2　农户棉花生产行为感知结构方程路径

注：$e1 \sim e23$ 是各个潜变量的观察变量的残差。

（三）结构方程模型检验

结构方程模型的检验通常以绝对拟合度指标、增值拟合指标和精简拟合度指标 3 方面是否拟合来衡量[203]。为获得最有效的模型结果，本书根据模型路径系数与修正指数，按照从大到小的修正指数顺序进行模型修正，由于 e3 与 e4、e4 与 e5、e3 与 e21、e5 与 e21、e18 与 e19、e7 与 e11 的 MI 值较大，先后增加了 c3→c4、c4→c5、c3→p、c4→p、p1→p2、m2→b4 的路径，最终卡方值降低至 367.119，模型整体拟合状况得到优化，分析结果更精确，修正后的结构方程模型整体适配度检验结果见表 5-4。由表 5-4 可知，$\chi^2/df=$ 1.908，$RMSEA=0.043$ 和 $RMR=0.020$，均小于标准临界值，其他各指标也均在评价标准范围。增值拟合度指标包括 RFI、NFI、IFI 和 CFI 等，数值在 0~1 之间，越接近 1 表示模型拟合效果越好，且拟合效果也较理想。$PGFI$、$PNFI$ 和 $PCFI$ 等为精简拟合度指标，其数据大于 0.5 表示该模型良好拟合，文中上述 3 个指标均达 0.6 以上，可见该模型拟合度良好。

表 5-4　农户棉花生产行为感知结构方程模型的整体适配度检验

统计检验指标类型	适拟合优度统计量	评价标准	适拟合优度统计值	结果
绝对拟合度	χ^2/df	越小越好	1.908	接近
绝对拟合度	RMR	$RMR<0.05$	0.020	理想
	$RMSEA$	$RMSEA<0.05$，且越小越好	0.043	理想
	GFI	$GFI \geqslant 0.85$，且越大越好	0.945	理想
	$AGFI$	$AGFI>0.9$，越接近 1，模型适合度越好	0.926	理想
增值拟合度	NFI	越接近 1，模型适合度越好	0.885	理想
	RFI	$RFI>0.9$，且越大越好	0.859	理想
	IFI	$IFI>0.9$，且越大越好	0.942	理想
	TLI	$TLI>0.9$，且越大越好	0.928	接近
	CFI	$CFI>0.9$，且越大越好	0.941	理想
精简拟合度	$PGFI$	$PGFI>0.5$	0.697	理想
	$PNFI$	$PNFI>0.5$	0.724	理想
	$PCFI$	$PCFI>0.5$	0.770	理想
	AIC	越小模型越优	367.119	理想

（四）结构方程模型分析

依据结构方程模型变量之间的回归结果（表 5-4）和 SEM 路径图（图 5-2）

可知：农户的质量认知对其政策环境感知、政策环境感知对棉田环境感知、棉田环境感知对棉花生产行为均有显著正向影响，与假设 H1、H3 和 H6 保持一致，而其他的路径在研究中不显著，假设 H2、H4、H5 不成立。据此本书得出以下结论。

第一，农户质量认知与其政策环境感知呈正相关关系。研究中农户质量认知对其政策环境感知的影响通过 5% 的显著性检验，其标准化路径系数是 0.13，结果与 H1 假说一致，可见农户质量认知程度较高的农户倾向生产高品质高产量的棉花。表明研究区农户不仅关注棉花产量，也注重棉花质量的各个方面，如棉花色泽、棉花纤维长度、棉花纤维韧性及棉花纤维长度整齐度等。同时农户对棉花质量的认知程度越深，其感知政策对棉花质量的影响也越深刻。随着棉农质量认知水平的提升，促使其了解更多棉花政策，其政策环境感知能力随之提高。

第二，农户的政策环境感知与其棉田环境感知呈正相关关系。农户的政策环境感知对其棉田环境感知的影响通过了 5% 的显著性检验，其标准化路径系数为 0.15，结果与 H3 假说一致。农户的政策环境感知与棉田环境感知呈正相关关系表明农户对棉花相关政策越了解，其感知棉田环境影响棉花质量的程度相应提升。反之，农户对棉花政策环境的感知能力降低，其感知棉田环境对棉花质量的影响也随之下降。农户的政策环境感知与棉田环境感知与农户年龄、受教育程度、棉花种植年限等因素密不可分。以农户的受教育程度为例，通常受教育水平不高的农户，其对棉花相关政策的理解能力及认知水平有限，因而农户对相应政策的领悟能力及敏感性均较低，其对棉花政策及棉田环境的关注度不高，影响了农户的政策感知及棉田环境感知。

第三，农户的棉田环境感知对其棉花生产行为感知产生正向影响。农户的棉田环境感知对其棉花生产行为感知的影响通过了 1% 的显著性检验，其标准化路径系数为 0.24，结果与 H6 假说一致。农户的棉田环境感知情况由其行动力得以体现，农户感知棉田盐碱化程度、棉田肥力、棉田土壤板结情况、棉田缺水状况等棉田环境对棉花质量的影响越强烈，其能够深刻意识到棉花生产行为对棉花质量的影响，促使其产生改变现有棉田环境的想法，引发农户采取改善棉田环境的措施。因此，农户的棉田环境感知越深刻，其改变原有的棉花生产方式的愿望更强烈，促使其选择更为高效的方法进行棉花生产。棉田环境感知能力较强的农户大多认为棉田环境对棉花质量影响较大，其会采取降低土壤盐碱化、减少土壤板结、增加土壤肥力及供应充足水源等一系列措施，为棉花生产创造良好的环境；反之，感知棉田环境影响棉花质量的程度较弱的农户，其棉花生产行为感知能力也随之降低。

四、本章小结

基于社会认知理论构建"质量认知—环境感知—生产行为感知"分析框架，利用新疆农户的调查数据，通过因子分析和结构方程模型探索农户质量认知、环境感知及其棉花生产行为感知之间的内在联系。研究结果表明，棉农的质量认知对其政策环境感知的影响为正，农户的政策环境感知与其棉田环境感知呈正相关，农户的棉田环境感知对其棉花生产行为感知产生直接影响，而质量认知与政策环境感知对其棉花生产行为感知的影响不显著。具体可归纳为以下几点：第一，农户的质量认知、政策环境感知与棉田环境感知之间关系密切，具体表现为农户的质量认知促进了其政策环境感知水平的提升，政策环境感知增强了农户的棉田环境感知度。第二，农户的棉田环境感知与其棉花生产行为感知之间存在较为显著的正相关关系，农户对棉田环境的感知促使其改变植棉行为，以提高棉花质量。第三，农户对棉花纤维长度的认知较大程度影响其政策环境感知；农户感知建立棉花生产保护区的政策环境对农户的棉田环境感知影响突出；同时农户感知棉田的盐碱化程度对棉花质量的影响是其增强棉花生产行为感知能力的关键。

第六章　农户质量认知对其棉花生产技术采纳影响的实证分析

科学技术的进步促使农业生产逐渐向规模化和现代化发展。通常加大农业投入会增加农业产出，而农业技术投入则是实现农业增产增效的有效途径。农业技术采纳虽可以增加农业产出，但农业科技的规模效率与配置效率则在很大程度上制约了农业的发展[211]。农户技术采纳的规模化和有效性是推动农业生产发展的重要条件。农户是农业生产技术的执行者，其是否采纳农业生产技术是影响农业生产效率、农产品质量的重要因素。因此，研究农户的农业生产技术采纳行为对提升棉花质量、提高植棉效率、增加农户收入意义深远。新疆农户是否采纳棉花生产技术，农户的棉花生产技术采纳受哪些因素制约？基于此，本书在总结诸多学者研究的基础上，以社会认知理论为理论基础，从农户认知、技术培训等方面出发，运用结构方程模型探究会对农户技术采纳行为产生影响的因素。

一、农户对棉花生产技术的采纳概况

农业技术的运用是农户获得规模经济效益的保障[211-212]。农业技术的投入对棉花产业的革新具有重要意义。新古典经济学指出，理性经济人选择新技术的目的在于其可以获得可观的经济收益[213]。本书中农户的棉花生产技术采纳是指为生产高品质和高产量棉花，农户在棉花种植过程中采用的各类棉花生产技术。棉花生产技术涉及农户棉花种植的前期、中期及后期，棉花生产前期农户可以采纳的农业技术主要包括：棉花播种技术、地膜覆盖技术等；棉花生产中期农户可采纳的技术涵盖：病虫害防治、科学施肥、节水灌溉和农药安全使用技术等；棉花生产后期农户可采纳的技术包括：机械采收、秸秆粉碎和地膜回收技术等。

不同农户采纳的棉花生产技术有一定差别。大多数农户依据自身对各类棉花生产技术的认知并结合实际需求，选择将要采纳的农业生产技术。农户的棉花生产技术采纳受其自身因素、棉花生产技术的感知及其技术认知等影响，因此，为探究农户的棉花生产技术采纳情况，本书从农户对棉花生产技术的熟知情况、农户对棉花生产技术的认知情况、农户对棉花生产技术的采纳情况三方面进行分析。

（一）农户对棉花生产技术的熟知情况

农户对棉花生产技术是否熟知是决定其是否采用棉花生产技术的关键。本书为探究农户对棉花生产技术的采纳情况，运用描述性统计的方法分析农户对各类棉花生产技术的熟知情况（图 6-1）。从整体上看，55%以上的农户对棉花的播种、地膜覆盖、病虫害防治、科学施肥、节水灌溉、农药安全使用、机械采收、秸秆粉碎和地膜回收技术均较为熟知，对各类技术不熟悉的农户占比较小，即农户对棉花生产过程中所需要的各类技术的熟知比例高于不熟知的比例。由此可知，总体上新疆农户对各类棉花生产技术较为熟知。具体而言，农户对棉花节水灌溉技术熟知的比重最大，为 94.00%，其次 93.60%的农户对病虫害防治技术较为熟知，而农户对地膜回收技术熟知的占比最小，占 59.33%，同时农户对棉花的地膜回收技术不熟知的比重最高，已达 40.67%。由上述分析可以看出，大多数农户对与棉花生产有直接联系的农业节水灌溉技术和病虫害防治技术较为熟知，而对地膜覆盖技术等与棉花生产联系不紧密的各类技术较不熟知。总之，新疆农户对各类棉花生产技术较为熟知，不熟知各类技术的农户比例较小，表明农户对棉花生产技术的关注度较高。

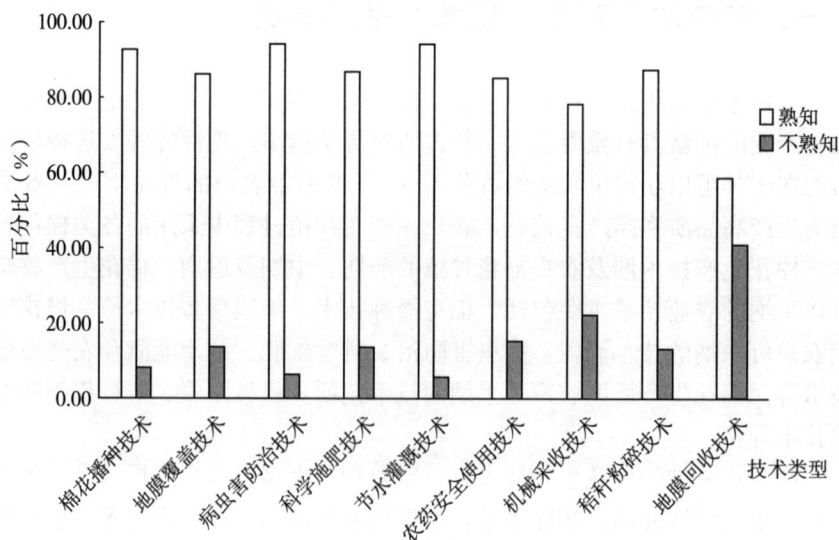

图 6-1 农户对各类棉花生产技术的熟知情况

数据来源：依据实际调研的新疆主要植棉区域 492 户棉农数据整理所得。

（二）农户对棉花生产技术的认知情况

农户对各类棉花生产技术的认知影响其是否采纳相应技术。本书为更好地探究农户对棉花各类生产技术的认知情况，在问卷中设置了相关题项："农户感知各类棉花生产技术对棉花质量的影响程度？①影响很大②影响一般③无影响"以体现农户对棉花生产技术的认知现状。从图 6-2 农户对各类棉花生产技术的认知可知调研区域大多数农户认为棉花生产中的各类技术对棉花质量影响很大，各项占比均达 53% 以上，大部分农户认为各类棉花生产技术对棉花质量的影响很大，小部分农户认为各类技术对棉花质量无影响，由此同时认为病虫害防治、科学施肥和节水灌溉技术等对棉花质量影响很大的农户占比较高；认为地膜回收技术对棉花质量影响一般的农户占比最高，达 38.41%，认为秸秆粉碎技术对棉花质量无影响的农户占比 8.73%。由此可以看出，总体上大多数农户对棉花生产技术影响棉花质量有一个正确认知，仅小部分农户对棉花生产技术影响棉花质量的认知不足，棉花生产技术在农户的日常植棉活动中占据重要地位。

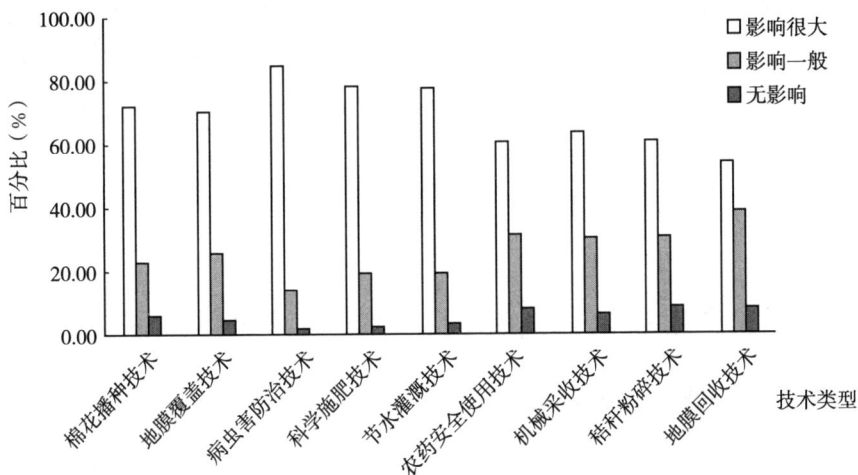

图 6-2　农户对各类棉花生产技术的认知情况

数据来源：依据实际调研的新疆主要植棉区域 492 户棉农数据整理所得。

（三）农户对棉花生产技术的采纳情况

农户是否采纳各类棉花生产技术是影响棉花生产效率的重要因素。本书对农户是否采用棉花生产技术进行分析，由图 6-3 可以看出农户采用各类棉花生产技术的占比较大，且均达 54% 以上，未采用各类棉花生产技术的农户占比较小，可见农户的技术采纳行为发生概率较高。同时 90% 以上的农户均采用了农业节水灌溉、病虫害防治、棉花播种和秸秆粉碎技术，而农户对地膜回收技术的采用概率相对其他技术较低，54.88％的农户选择采用地膜回收技术，表明这部分农户对棉花生产技术较为重视，能够深切感知技术对棉花生产的重要性，从而产生技术采纳行为。而未采纳地膜回收技术的农户占比达45.12％，出现该现象的原因可能是地膜回收技术是与棉花生产并未直接紧密联系的技术，农户对地膜回收技术的认知有限，因此，部分农户在棉花采摘结束后并未进行地膜回收。

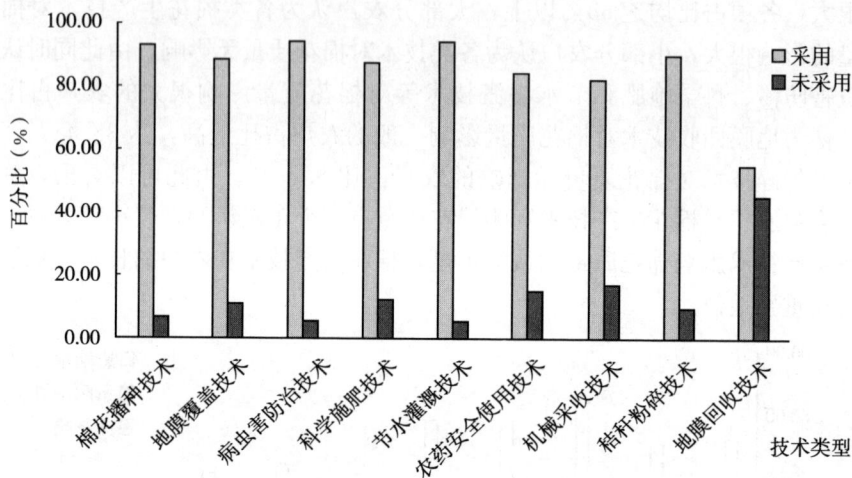

图 6-3　农户对各类棉花生产技术的采纳情况

数据来源：依据实际调研的新疆主要植棉区域 492 户棉农数据整理所得。

二、农户质量认知对其棉花生产技术采纳的影响

(一) 理论基础与研究假设

计划行为理论与社会认知理论均有探讨主体认知与行为之间的关系，其中计划行为理论以个体认知为逻辑起点，引入知觉行为变量，考察个体能力和客观因素对主体行为的影响，侧重主体认知对行为的作用，而社会认知理论指出主体行为是其认知与环境共同作用的结果[103]。本书认为农户对棉花生产技术的采纳是农户认知和外部环境共同作用的结果，农户的棉花生产技术采纳行为对主体认知与技术培训环境产生影响，即农户的棉花生产技术采纳、认知与环境相互影响。据此，本书拟以社会认知理论作为理论基础探究影响农户棉花生产技术采纳的关键因素。主体认知对其行为意愿、决策等均产生重要影响，行为的发生通常受外部环境影响，具体表现为：一方面，农户的质量认知与技术

认知的差异会使其棉花生产技术采纳发生改变；另一方面，相关政策、技术培训等外部环境对其行为的发生也产生影响。环境对主体行为的影响表现在外在环境的改变使得农户的认知发生变化，进而影响农户的棉花生产技术采纳。因此，本书主要侧重于探讨外部环境、主体认知对农户棉花生产技术采纳的影响。

农户认知指农户对棉花质量的认知及对技术影响棉花质量的认知，即农户认知涵盖质量认知和技术认知两方面。社会认知理论指出环境是影响主体认知的重要因素，对农户形成正确认知有重要作用。技术培训作为外部环境对农户认知影响较大。通常情况，接受过技术培训的农户对棉花的生长发育、棉花质量相关知识及政策等均有一定了解，也形成了正确的认知体系，因而该部分农户质量认知水平较高。与此相反，未接受过技术培训的农户限于已有知识体系，其对棉花的生长情况、栽培管理、棉花质量等方面的了解存在不足，因而这部分农户的质量认知度不高。据此，本书提出假设一：技术培训与农户质量认知呈正相关关系。

农户技术认知不仅受主体认知影响，也受技术培训等外部环境影响。一般接受过技术培训的农户对棉花生产技术会有较为深入的理解，能够感知农业生产技术对棉花质量提升的重要意义。随着农户接受技术培训次数的增加，农户对提升棉花质量的相关生产技术有了更深入的了解，其技术认知水平随之逐渐提升。反之，未接受过技术培训的农户从事棉花生产大多依据自身已有的经验，对棉花生产技术提升棉花质量的认知不足，影响农户的技术认知水平。据此，本书提出假设二：技术培训对农户技术认知有突出的正向影响。

社会认知理论指出主体行为与环境之间具有交互作用[141]。农户的棉花生产技术采纳受外部环境的制约，在本书中主要探究技术培训对农户棉花生产技术采纳的影响。技术培训作为外部环境因素影响着农户的棉花生产技术采纳，随着农户获得技术培训次数的增加，农户对生产技术影响棉花生产的认可度随之提升，从而促使农户将所习得的新技术运用到棉花生产之中，增强农户采纳棉花生产技术的概率。反之，随着农户获得技术培训次数的减少，农户对新技术认知不足，降低了农户对新技术采用的频率，农户的棉花生产技术采纳反而减少。据此，本书提出假设三：技术培训与农户的棉花生产技术采纳呈正相关关系。

行为经济学理论指出主体对事物的认知程度影响其行为意愿。农户的质量认知程度对其棉花生产技术采纳有一定影响。不同认知水平的农户对棉花生产技术采纳的态度也不同。一般来说，质量认知水平较高的农户，其通过改善生产技术提高棉花产量和质量的愿望较强，因而其棉花生产技术采纳行为发生的概率较高。反之，质量认知水平较低的农户，对棉花质量的关注度相对较低，其通过改善生产技术提高棉花产量和质量的愿望较弱，因而其棉花生产技术采纳行为发生的概率较低。据此，本书提出假设四：农户质量认知对其棉花生产技术采纳有正向影响。

技术是提高生产力的关键因素，农户对技术认知的程度决定着农户是否采用该技术，从而影响其农业生产经营活动。农户的技术认知水平较高表明农户对该技术较了解，其期望通过生产技术改变传统的农业生产经营方式的愿望较强，促使其产生较强烈的棉花生产技术采纳意愿。反之，农户的技术认知水平较低表明农户对该技术不了解，其期望通过生产技术改变传统棉花生产经营方式的意愿较薄弱，其采纳该生产技术的概率大大降低。据此，本书提出假设五：农户技术认知对其棉花生产技术采纳有正向影响。

（二）样本特征、模型设定与变量选取

1. 样本特征

农户质量认知与其棉花生产技术采用之间存在关联，本书分析了不同质量认知下农户的棉花生产技术采用情况，以了解不同质量认知下农户的棉花生产技术采纳概况。由图6-4可知总体上农户对各类棉花生产技术采用的比重高于未采用的比重，而对地膜回收技术采用的比重与未采用的比重相差较小；采用各项技术的农户对棉花质量的认知与未采用各项技术的农户对棉花质量的认知差异较大，其中就采用各项技术的农户而言，农户对棉花质量的认知以"一般了解"为主，"不了解""非常了解"的占比较小，同时质量认知为"一般了解"的农户中，50%的农户已采用病虫害防治、节水灌溉、秸秆粉碎和棉花播种技术。由此可知研究区农户采用各项棉花生产技术，且采用技术的农户比重

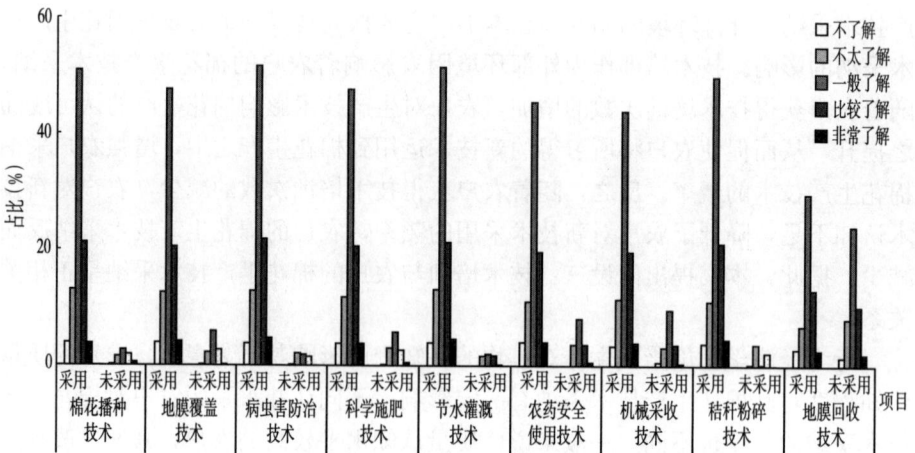

图6-4 不同质量认知下农户的棉花生产技术采纳统计

数据来源：依据实际调研的新疆主要植棉区域492户棉农数据整理所得。

大于未采用技术的农户比重，相同质量认知水平下，农户的各类技术采用与未采用占比有明显差异，"一般了解"认知水平的农户占较大比重。出现该现象的原因可能是当前农户虽有采用各项生产技术，对棉花质量有一定了解，但其采用生产技术的目的大多是为提高产量，真正采用技术是为提升棉花质量的农户占比较少，同时这部分农户对棉花质量的认知水平总体不高。

2. 模型设定与变量选取

与传统的线性、Logistic 及 Probit 模型等一般计量模型相比，结构方程模型更适合进行多原因、多结果的间接回答问题分析[214]，它的优点在于可同时处理多个变量之间的关系，且允许被解释变量与解释变量之间存在误差，这些误差可以被纳入模型之中，使得研究具有准确性。由于农户的棉花生产技术采纳行为这一潜在因变量并不能够用农户单一的行为表示，它涉及农户的棉花病虫害防治技术采纳、节水灌溉技术采纳、农药安全使用技术采纳等多种技术采纳行为，而农户的技术认知和质量认知等潜在自变量同样也并不能够用单一的某一方面表示，同时为进一步探测可测变量与潜变量、潜在自变量与潜在因变量之间的内在关系，本书选择采用结构方程模型，以探析技术培训、农户认知与其棉花生产技术采纳之间的内在关联。

在实证分析过程中，结构方程模型中的潜变量包括棉花生产技术采纳、质量认知、技术认知和技术培训四个潜变量，其中棉花生产技术采纳（TA）由病虫害防治技术（$TA1$）、科学施肥技术（$TA2$）、节水灌溉技术（$TA3$）和农药安全使用技术（$TA4$）4 个观测变量来测度；质量认知（QC）由棉花色泽（$QC1$）、棉花纤维长度（$QC2$）、棉花纤维成熟情况（$QC3$）、棉花纤维韧性（$QC4$）和棉花纤维长度整齐度（$QC5$）5 个观测变量来测度；技术认知（FT）由病虫害防治技术认知（$FT1$）、科学施肥技术认知（$FT2$）、节水灌溉技术认知（$FT3$）和农药安全使用技术认知（$FT4$）4 个观测变量来测度；技术培训（TT）由棉花质量技术培训（$TT1$）和棉花质量相关技术培训次数（$TT2$）2 个观测变量来测度（表 6-1）。

表 6-1　变量的定义及描述性统计分析结果

潜变量	变量名称	代码	含义及赋值	均值	标准差
潜在因变量					
棉花生产技术采纳（TA）	病虫害防治技术	$TA1$	农户是否采用该技术：1＝是，0＝否	0.94	0.87
	科学施肥技术	$TA2$		0.24	0.34
	节水灌溉技术	$TA3$		0.94	0.87
	农药安全使用技术	$TA4$		0.83	0.37

（续）

潜变量	变量名称	代码	含义及赋值	均值	标准差
潜在自变量					
质量认知 （QC）	棉花色泽	QC1	农户对棉花质量的了解程度： 1＝不了解，2＝不太了解，3＝一般 了解，4＝比较了解，5＝非常了解	2.86	1.05
	棉花纤维长度	QC2		2.88	0.99
	棉花纤维成熟情况	QC3		2.58	1.10
	棉花纤维韧性	QC4		1.96	0.92
	棉花纤维长度整齐度	QC5		2.14	1.04
技术认知 （FT）	病虫害防治技术认知	FT1	农户认知技术对棉花质量的影响： 1＝无影响，2＝影响一般， 3＝影响很大	2.82	0.42
	科学施肥技术认知	FT2		2.74	0.50
	节水灌溉技术认知	FT3		2.72	0.53
	农药安全使用技术认知	FT4		2.52	0.65
技术培训 （TT）	是否开展棉花质量技术培训	TT1	1＝是，0＝否	0.66	0.47
	棉花质量相关技术 培训次数	TT2	1＝0 次，2＝1～2 次，3＝3～4 次， 4＝5～6 次，5＝7 次以上	1.96	0.87

此外，依据已有研究的经验，本书认为农户对棉花色泽的认知、棉花质量相关技术培训次数、农药安全使用技术认知、病虫害防治技术采用对农户的棉花生产技术采纳产生直接影响，因而将这四个观测变量的路径系数固定为 1，并结合研究假设，构建"技术培训—农户认知—技术采纳"的结构方程模型路径框架图，见图 6 - 5。

结合上述研究，文章构建了农户棉花生产技术采纳的结构方程模型，具体估计模型如下所示：

结构方程：$\eta_1 = \gamma_{11}\xi_1 + \gamma_{21}\xi_2 + \zeta$ $\xi_1 = \varphi_{21}\xi_2$ (6 - 1)

测量方程：$QC1 = \lambda x_{11}\xi_1 + \delta_1 \cdots$ $QC5 = \lambda x_{15}\xi_1 + \delta_5$ (6 - 2)

            $FT1 = \lambda x_{21}\xi_1 + \delta_6 \cdots$ $QC5 = \lambda x_{25}\xi_1 + \delta_9$ (6 - 3)

            $TT1 = \lambda x_{31}\xi_1 + \delta_{10}$ $TT2 = \lambda x_{32}\xi_1 + \delta_{11}$ (6 - 4)

            $TA1 = \lambda y_{11}\eta_1 + \varepsilon_1 \cdots$ $TA4 = \lambda y_{14}\eta_1 + \varepsilon_4$ (6 - 5)

结构方程中的结构模型通常将内生潜变量与外生潜变量联系起来用以测量潜变量之间的关系。式（6 - 1）为结构方程，其中 η_1 是内生潜变量，表示农户的棉花生产技术采纳；ξ_1、ξ_2 为外生潜变量，指的是农户质量认知、技术认知和技术培训，ζ 是内生潜变量 η_1 不能够解释的部分，γ_{11}、γ_{21} 分别代表外生变量、内生变量与测度项的回归系数矩阵即因子载荷。而测量方程一般用来反映潜变量与观测变量之间的关系，其中测量方程中，λx_{11}、λx_{15}、λx_{21}、λx_{25}、λx_{31}、λx_{32} 分别表示各个外生潜变量与其观测变量间的因子载荷，λy_{11}、λy_{14} 分别表示各内生潜变量与观测

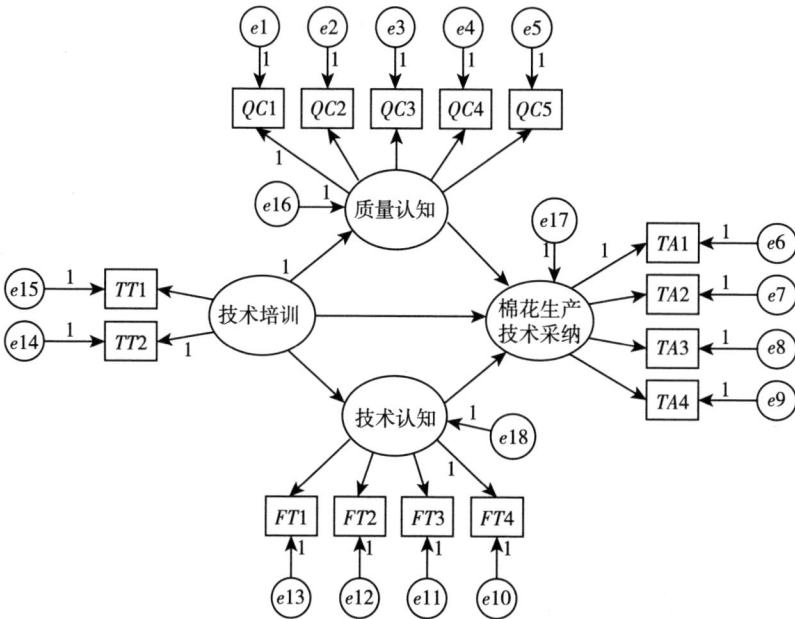

图6-5 "技术培训—农户认知—技术采纳"的结构方程模型路径框架

变量间的因子载荷。δ_1、δ_5、δ_6、δ_9、δ_{10}、δ_{11}分别是各外生潜变量在变量各个观测变量的测量误差，ε_1、ε_4是内生潜变量在变量各个观测变量的测量误差[215]。

（三）模型结果与分析

1. 信度、效度检验及探索性因子分析

为保证量表的可靠性，运用Cronbach's α系数对选取量表的信度进行检验。本书分别对棉花生产技术采纳、质量认知、技术认知和技术培训4个潜变量及问卷整体量表进行了信度分析，结果分别为0.694、0.749、0.743和0.674。研究中选取变量部分的问卷整体Cronbach's α系数为0.663，且每个潜变量的Cronbach's α系数均在0.6以上，一般认为Cronbach's α系数值的大小在0.6以上是可以接受的[209]。Fornall等研究评价问卷汇聚有效性的原则时指出所有标准化因子载荷应大于0.5且达到显著水平[216]，Kaiser指出若测量量表的KMO值大于0.6，Bartlett球形度检验结果中P值小于0.05，且因子载荷量达0.4以上，适合进行因子分析[217]。本书借助AMOS21.0软件对潜变量进行探索性因子分析（表6-2）。由表6-2可以看出四个潜变量的标准因子载荷位于0.598～0.892且均大于0.55，说明各潜变量的结构效度较好。KMO和Bartlett球形度检验结果中KMO值为0.673，大于0.5的经验，近似

χ^2 值为 1 973.335，自由度为 105，显著水平为 0.000，明显小于 0.001 的显著性水平，再次说明样本数据适宜进行因子分析。

表6-2　样本信度/效度及因子分析情况

潜变量	可观测变量	符号	标准因子载荷	Cronbach's α 系数	贡献率（%）	累积贡献率（%）
质量认知（QC）	棉花纤维长度	QC2	0.782			
	棉花纤维韧性	QC4	0.727			
	棉花纤维长度整齐度	QC5	0.693	0.749	19.360	19.360
	棉花色泽	QC1	0.678			
	棉花纤维成熟情况	QC3	0.657			
技术认知（FT）	病虫害防治技术认知	FT1	0.814			
	科学施肥技术认知	FT2	0.812			
	节水灌溉技术认知	FT3	0.804	0.743	16.740	36.100
	农药安全使用技术认知	FT4	0.598			
棉花生产技术采纳（TA）	节水灌溉技术	TA3	0.742			
	病虫害防治技术	TA1	0.737			
	农药安全使用技术	TA4	0.725	0.694	11.840	47.940
	科学施肥技术	TA2	0.696			
技术培训（TT）	棉花质量技术培训	TT1	0.892			
	棉花质量技术培训次数	TT2	0.869	0.674	10.550	58.490

2. 验证性因子分析

为验证构建的"技术培训—农户认知—技术采纳"结构方程模型路径的合理性，文中利用 AMOS21.0 软件对数据进行验证性因子分析（简称 CFA）。结构方程模型结果显示技术培训对农户的棉花生产技术采纳的系数不显著，且影响整个结构方程模型的结果，同时结合实际情况发现技术培训作为外在因素虽对农户的棉花生产技术采纳产生影响，但这种作用是通过技术培训影响农户的认知进而对农户的技术采纳产生影响，对农户并未产生直接影响，因此研究中删除技术培训至农户棉花生产技术采纳的路径（因此后续研究中假设三将不再提及），并重新运算得到最终结构方程模型的结果，见表6-3。

由表6-3"技术培训—农户认知—技术采纳"结构方程模型变量间的回归结果可观测变量临界比（critical ratio，简称 C.R.），可以看出除技术培训对技术感知路径的临界比值较小，检验结果不显著外，其他可观测变量的临界比值均大于 1.96，说明技术培训与农户质量认知、农户的技术认知与其棉花生产技术采纳、农户的质量认知与其棉花生产技术采纳之间的可观测变量与潜变量间的拟合度较好。结构方程模型中路径的方向和显著性是判断研究假说是否成立的依据。研究中技术培训→质量认知、质量认知→棉花生产技术采纳、技术认知→棉花生产技术采纳的路径系数均为正且分别通过显著性检验，结果与假设一、假设四、假设五完全一致，但技术培训→技术认知的路径系数虽为正值且未通过5％的显著性检验，说明研究中的假设二不成立。出现该现象的原因可能是，技术培训作为外部环境对农户的认知产生一定影响，理论上随着技术培训的增加农户的技术认知增强，这是外部环境作用于主体认知的体现，但由于农户年龄、受教育程度等因素使得农户对新事物的接收能力不同，影响农户的技术认知，因而调研数据与预期设想之间存在差距影响了最终结构方程模型的结果。

从表6-3"技术培训—农户认知—技术采纳"结构方程模型拟合结果中可将各可测指标与潜变量的关系归纳为：第一，在反映质量认知的指标中，棉花纤维长度、棉花色泽、棉花纤维成熟情况、棉花纤维韧性、棉花纤维长度整齐度变量都对棉田环境的影响显著，这些指标与棉田环境之间的标准化路径系数依次减小，分别是0.93、0.68、0.45、0.39、0.38，可见农户对棉花纤维长度、棉花色泽等的认知显著影响农户的质量认知。第二，在反映技术认知的4个指标中，农户对病虫害防治技术的认知、农户对科学施肥技术的认知、农户对节水灌溉技术的认知和农户对农药安全使用技术的认知对其技术认知的影响依次减弱，其标准化路径系数分别是0.75、0.74、0.73、0.48。第三，在反映技术培训的指标中，棉花质量技术培训次数和棉花质量技术培训变量对农户技术培训的影响逐渐降低，各个变量的标准化路径系数分别为1.00、0.66。第四，在反映棉花生产技术采纳的指标中，农户的节水灌溉技术、病虫害防治技术、农药安全使用技术和科学施肥技术变量对农户的棉花生产技术采纳的影响逐渐降低，各个变量的标准化路径系数分别为0.75、0.66、0.51、0.50。

表6-3　"技术培训—农户认知—技术采纳"结构方程模型拟合结果

潜变量/ 可观测变量	路径	潜变量	未标准化路径 /载荷系数	S.E.	C.R. 值	标准化路径 /载荷系数
技术认知	←	技术培训	0.009	0.018	0.496	0.029
质量认知	←	技术培训	0.116***	0.040	2.927	0.162
棉花生产技术采纳	←	技术认知	0.134***	0.033	4.027	0.260
棉花生产技术采纳	←	质量认知	0.021*	0.013	1.661	0.093
棉花质量技术培训次数	←	技术培训	1			0.998
棉花质量技术培训	←	技术培训	0.332***	0.020	16.751	0.661
病虫害防治技术	←	棉花生产技术采纳	1			0.664
科学施肥技术	←	棉花生产技术采纳	1.040***	0.122	8.506	0.499

（续）

潜变量/ 可观测变量	路径	潜变量	未标准化路径 /载荷系数	S.E.	C.R. 值	标准化路径 /载荷系数
节水灌溉技术	←	棉花生产技术采纳	1.116***	0.117	9.549	0.748
农药安全使用技术	←	棉花生产技术采纳	1.176***	0.144	8.181	0.510
棉花色泽	←	质量认知	1			0.681
棉花纤维长度	←	质量认知	1.290***	0.112	11.497	0.934
棉花纤维成熟情况	←	质量认知	0.692***	0.076	9.143	0.449
棉花纤维韧性	←	质量认知	0.489***	0.062	7.845	0.385
棉花纤维长度整齐度	←	质量认知	0.551***	0.071	7.803	0.381
农药安全使用技术认知	←	技术认知	1			0.483
节水灌溉技术认知	←	技术认知	1.229***	0.130	9.460	0.727
科学施肥技术认知	←	技术认知	1.194***	0.124	9.658	0.743
病虫害防治技术认知	←	技术认知	1.010***	0.106	9.553	0.751

注：***、**、*分别为1％、5％、10％的显著水平。C.R. 值大于临界值 1.96 表明其潜变量与可观测变量间的载荷系数估计显著性较高。

3. 结构方程模型检验

SEM 的拟合优度检验一般通过绝对拟合度、增值拟合度和精简拟合度指标来判断[213]。为获得最为有效的模型结果，本书根据模型路径系数与修正指数，按照由大到小的修正指数顺序进行模型修正，由于 $e3$ 与 $e4$、$e4$ 与 $e5$ 之间 MI 值较大，先后增加了 $QC3$ 与 $QC4$、$QC4$ 与 $QC5$ 的路径，卡方值最终降低至 179.194，P 值为 0.000，模型整体的拟合状况得到优化，分析结果更精确，修正后的结构方程模型整体适配度检验结果见表 6-4 和图 6-6。依据表 6-4 验证性因子分析的拟合情况可知，$\chi^2/df = 2.159$，$RMSEA = 0.049$ 和 $RMR = 0.034$，小于标准临界值，其他各指标也在评价标准范围。RFI、NFI、IFI 和 CFI 等为增值拟合度指标，其数值范围为 0~1，越接近于 1 表示模型的拟合效果越好，本书增值拟合度指标拟合效果较理想。$PGFI$、$PNFI$ 和 $PCFI$ 等为精简拟合度指标，其数据大于 0.5 表示模型良好拟合，本书的上述 3 个指标均达到 0.6 以上，表明该模型良好拟合。

4. 结构方程模型分析

依据"技术培训—农户认知—技术采纳"结构方程变量之间的回归结果（表 6-3）和最终"技术培训—农户认知—技术采纳"结构方程模型路径图（图 6-6）可知：技术培训对质量认知、质量认知对棉花生产技术采纳、技术认知对棉花生产技术采纳有显著的正向影响，与假设一、假设四、假设五完全一致，而技术培训至技术认知的路径在研究中不显著，假设二不成立。据此，本书得出以下结论。

表6-4　"技术培训—农户认知—技术采纳"结构方程模型的整体适配度检验结果

统计检验指标类型	适拟合优度统计量	评价标准	适拟合优度统计值	结果
绝对拟合度指标	χ^2/df	越小越好	2.159	理想
	RMR	RMR<0.05	0.034	理想
	RMSEA	RMSEA<0.05，且越小越好	0.049	理想
	GFI	GFI≥0.85，且越大越好	0.954	理想
	AGFI	AGFI>0.9，越接近1，模型适合度越好	0.934	理想
增值拟合度指标	NFI	越接近1，模型适合度越好	0.910	理想
	RFI	RFI>0.9，且越大越好	0.886	接近
	IFI	IFI>0.9，且越大越好	0.950	理想
	TLI	TLI>0.9，且越大越好	0.936	理想
	CFI	CFI>0.9，且越大越好	0.949	理想
精简拟合度指标	PGFI	PGFI>0.5	0.660	理想
	PNFI	PNFI>0.5	0.720	理想
	PCFI	PCFI>0.5	0.750	理想
	AIC	越小模型越优	253.197	理想

第一，技术培训对农户的质量认知有突出的正向影响。研究中技术培训对农户的质量认知的影响通过1%的显著性检验，其标准化路径系数为0.162，结果与假设一完全一致，可见随着技术培训次数的增加，农户质量认知水平显著提升。调查研究结果表明农户接收技术培训的次数越多，农户在学习到农业生产技术的同时也能接收到较多棉花质量相关信息，对棉花政策、棉花质量等内容的了解逐渐加深，其质量认知水平显著提升。相反，较少获得技术培训的农户对棉花质量的了解一方面来源于自身认知，另一方面从他人那里获得棉花质量相关信息，对棉花质量并没有形成一个正确的认知，因而其质量认知水平不高。

第二，农户质量认知与其棉花生产技术采纳呈正相关。研究中农户质量认知对其棉花生产技术采纳的影响通过了10%的显著性检验，结果与假设四保持一致。农户对棉花色泽、棉花纤维长度、棉花纤维成熟情况、棉花纤维韧性和棉花纤维长度整齐度的认知水平越高，其通过采用技术投入以提高棉花质量的期望越大，相应棉花生产技术采纳的发生概率增加。反之，对棉花质量认知程度越低的农户，其通过采用新技术提高棉花质量的意愿越淡薄，农户的棉花生产技术采纳发生概率越低。

第三，农户的技术认知与其棉花生产技术采纳呈正相关关系。研究中农户技术认知对其棉花生产技术采纳的影响通过1‰的显著性检验，其标准化路径系数为0.260，结果与假设五保持一致。农户对棉花生产技术的认知水平越高，农户的采纳棉花生产技术发生的概率也越高。反之，技术认知水平不高的农户，其对新技术的认知水平有限，同时期望通过采用生产技术提升棉花质量的意愿较小，其棉花生产技术采纳的发生概率偏低。

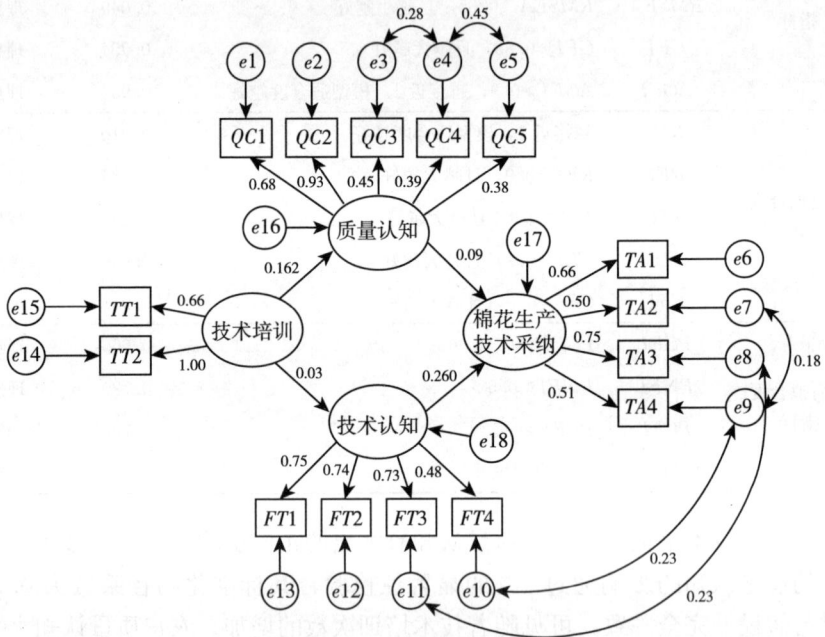

图6-6　最终"技术培训—农户认知—技术采纳"结构方程模型路径

注：e1～e18是各个潜变量的观察变量的残差。

三、本章小结

本章在分析农户的棉花生产技术采纳现状及农户质量认知对其技术采纳行为描述性统计分析的基础上，以社会认知理论作为理论基础，通过构建结构方程模型，深入探析农户质量认知、外在环境对其采纳棉花生产技术的影响，得出以下主要结论。

第一，分析农户对棉花生产技术的采纳情况可知：一是新疆农户对各类棉花生产技术均较为熟知，不熟知各类技术的农户占比较少。其中熟知棉花节水灌溉技术和病虫害防治技术的农户占比最大,而对棉花的地膜回收技术不熟知的农户占比较大。二是调研区域大部分农户认为棉花生产的各项技术对棉花质量有很大影响,少部分农户认为各类技术对棉花质量无影响。农户认为棉花的病虫害防治、科学施肥和节水灌溉技术等对棉花质量影响很大的占比较高。三是农户采用各项棉花生产技术的占比达 54% 以上,未采用各类棉花生产技术的农户占比较小。90% 以上的农户均采用农业节水灌溉、病虫害防治、棉花播种和秸秆粉碎技术,而农户采用地膜回收技术的概率与其他技术相比较小。

第二,总体上采用各项技术的农户对棉花质量的认知程度与未采用各项技术农户的质量认知差异较大,且在不同质量认知水平下,农户的各类技术采用与未采用占比存在差异。就采用各项技术的农户而言,农户对棉花质量的认知以"一般了解"为主,"不了解""非常了解"的占比均较小。

第三,由构建的农户棉花生产技术采纳行为的结构方程模型可知:技术培训与质量认知、质量认知与棉花生产技术采纳之间均呈正相关关系,而技术培训对农户棉花生产技术采纳的影响不显著。棉花纤维长度、棉花色泽、棉花纤维成熟情况、棉花纤维韧性、棉花纤维长度整齐度与棉田环境之间的标准化路径系数依次减小;农户对棉花病虫害防治技术的认知、农户对科学施肥技术的认知、农户对节水灌溉技术的认知和农户对农药安全使用技术的认知对农户技术认知的影响依次减弱;棉花质量技术培训次数和棉花质量技术培训变量对农户技术培训的影响逐渐降低;棉花的节水灌溉、病虫害防治、农药安全使用和科学施肥技术变量对农户的棉花生产技术采纳的影响逐渐降低。

第七章　农户质量认知对其棉花 生产组织模式选择影响 的实证分析

制度经济学表明经济组织的出现是为了控制频繁或有风险的市场交易成本。农业生产经营组织是将分散的小农户通过一定方式组织起来进行生产活动的一种有效形式，同时伴随经济发展，它也在不断地进行结构调整和功能转换[218]。2012 年 12 月，我国最新修正的《中华人民共和国农业法》规定，农业生产经营组织包括农村集体经济组织、农民专业合作经济组织、农业企业和其他从事农业生产经营的组织。农户通过参与农业生产经营组织，提高其专业技能、降低生产风险、提升生产效率、增加收入，而生产经营方式发生改变对实现农业生产规模化和现代化具特殊意义。研究农业生产经营组织对了解当前农业生产经营组织概况、未来发展方向、促进农户生产优质农产品等意义重大。因此，本章结合对新疆棉农的调研数据，归纳总结当前棉区的农业生产经营组织模式类型及农户选择参与的棉花生产组织模式，基于归因理论和农户行为理论，构建"内因—外因"驱动的棉花生产组织模式选择分析框架，通过多元无序 Logistic 模型探究影响农户进行棉花生产经营组织模式选择的因素。

一、研究区域棉花生产组织模式概况

我国的农业生产经营组织模式呈现多样化发展，现阶段已形成"农户＋农民经纪人＋企业"型、"农户＋企业"型、"农户＋基地＋企业"型、"农户＋农民合作经济组织（专业合作社、专业技术协会）＋企业"型、完全一体化（企业自种自销）型等多种模式[143]。当前新疆的农业生产经营组织模式主要包括"农户＋市场"型、"农户＋企业"型、"农户＋合作社＋企业"型、"农户＋生产基地"型和其他模式。实际调查发现，研究区域内农户参与的农业生产经营组织模式主要为前三种类型，本书借鉴陈超[145]等按照参与主体的不同划分农业生产经营组织模式的方法，将新疆棉区的棉花生产组织模式划分为："棉农＋市场"型、"棉农＋企业"型、"棉农＋合作社＋企业"型和其他模式。

(一)"棉农＋市场"型

"棉农＋市场"型即农户以个人或者家庭为单位,从事棉花生产活动,待棉花成熟后,自主选择棉花交易市场,进行棉花交易的一种农业生产经营模式。农户在整个生产过程中,不加入棉花生产合作社,也不与棉花加工厂、轧花企业等签订任何合作协议,整个生产均由棉农独立自主进行决策、自由支配生产资料。在当前多种类型的棉花生产经营组织模式并行情况下,农户的棉花种植以"棉农＋市场"型的生产组织模式为主。

(二)"棉农＋企业"型

"棉农＋企业"型指农户在从事棉花种植前,与棉花加工厂或纺织企业签订协议,棉花加工厂或纺织企业为农户垫付生产资料,并提供农户所需的相应技术服务,棉农向企业交售棉花的生产组织模式[219],由此形成一种订单式的农业生产形式。"棉农＋企业"型的生产组织模式,使得企业需求得到满足,推动棉花产业的发展进步。"棉农＋企业"型的生产组织模式,有助于实现农户与企业的双赢。对企业而言,棉纺企业依据市场需求收购棉花,纺织企业与农户签订协议,农户直接为棉纺企业供应棉花,棉纺企业的棉花需求与农户供给得到有效匹配,棉花市场逐渐趋向稳定。对农户而言,农户与企业签订协议,农户需按照企业的需求选择棉花品种,进行棉花种植。农户在棉花生产过程中遇到问题可向企业寻求帮助,企业能够采取有效的措施为其解决问题,必要时提供充足的技术服务、资金支持等,而农户仅需要关注棉花种植,不需要考虑棉花的销售问题,农户棉花销售困难的问题得以解决。

(三)"棉农＋合作社＋企业"型

"棉农＋合作社＋企业"型又称为"社企联盟",是一种以农户为主体,以合作社为纽带,通过合作社联系农户与企业,进行棉花生产经营的方式。这里的合作社均指棉花合作社,棉花合作社是个体农民的联合体[219],而这里的企业与"棉农＋企业"型中的企业有所不同,这里的企业指农资企业、种子企业等龙头企业及为农户提供农业技术全程服务的第三方企业等。在"棉农＋合作社＋企业"型的组织模式下,棉农通过参与棉花合作社进行棉花生产活动。实际调查研究发现,农户参与的棉花合作社包含两类,一类是在棉花合作社发展较好的区域,农户参与的正规合作社,即合作社在工商部门登记注册,运行规范,有自己的章程,且满足合作社成立的条件,符合《中华人民共和国农民专业合作社法》,已形成较为稳定的合作组织,如新疆沙湾县烧坊庄子村的双泉合作社等。另一类是在棉花合作社发展较为落后的区域,由农户所在村庄中 5

户以上农户自发组建的，处于发展初期，未形成规范章程及完善运作方式的合作社。

依据实地调查结果可将参与棉花合作社的农户划分为三种类型：第一类是参与棉花合作社，并成为棉花合作社的一员，但不从事棉花种植的棉农。这部分农户选择年初将自己拥有的土地流转给他人或者以土地入股的形式加入棉花合作社，之后不从事农业生产，而选择其他的生计方式，农户的土地交由合作社代管，农户完全脱离生产，即"完全托管式棉花生产"。第二类是参与棉花合作社后，成为棉花合作社的社员，但依旧从事棉花生产活动的棉农。在这种情况下，通常合作社社长会将农户的土地进行整合，然后将土地按照原有的土地面积分配给农户，棉花合作社依照此方法将分散的小规模农户土地进行有效整合，而农户在种植过程中遇到问题时能够及时与棉花合作社沟通，商榷解决方案，这部分农户未脱离棉花生产，即"不托管式棉花生产"。第三类是参与棉花合作社后，将一部分土地自己种植，另一部分土地交由合作组织管理的棉农。农户选取此方式大多是因为其拥有的土地块数较多，土地较为分散，将其中一部分土地交由合作社管理可降低种植成本，而留一部分土地由自己种植，可降低将土地完全交由合作社管理后无事可做现象的发生概率，即"半托管式棉花生产"。

（四）其他模式

"棉农＋合作社＋企业＋服务组织"型是一种将农业社会化服务组织与农户的农业生产经营活动相结合的生产组织模式，也是一种较为理想的棉花生产组织模式。农户加入合作社后，合作社为其提供专业的农业生产指导，棉花加工厂及棉纺企业等明确告之其提供的棉花生产量及市场所需棉花的种类、品质、标准、规格等，社会化服务组织为农户棉花生产提供所需的农业技术、信息、农资、金融、保险等各项服务，农户的整个棉花生产活动在各个组织的协调配合下高效展开。但在当前农户种植棉花过程中，由于受农户个人经验、农户小群体、合作组织发展情况、棉花企业及农业社会化服务体系等影响，该模式仅出现在合作社发育良好、棉花企业运营规范、农业社会化服务体系完善的区域。

"棉农＋生产基地"型指农户参与棉纺企业生产基地运营的模式。棉纺企业的生产基地与农户的经营目标是一致的，均是提高棉花产量，提升棉花品质，增加收益[201]。棉纺企业通过建立棉花生产基地的方式，生产满足自身需求的棉花产品，一般情况下，规模较大的棉纺企业，会建立自己的棉种培养实验基地，为企业培育优良棉种，以便于加工优质产品。"棉农＋生产基地"的模式在本书中提及较少，实地调查中农户的参与程度不高，这可能与选取的调研区域范围较小有关。

传统的棉花生产经营以小农户为主，随着种植大户、家庭农场及合作社等新型农业经营主体的出现，小农户经营逐渐减少，但以家庭为单位的生产经营方式并未消失，家庭生产在当前棉花生产中依旧占据重要地位。农户以家庭为单位从事农业生产的根源在于家庭成员的农业生产活动目标是一致的，而家庭相对于个人拥有更为丰富的资源，家庭经营达到一定规模则形成家庭农场。家庭农场主的资源禀赋与一般农户相比更具优势，如家庭农场所拥有的物资、人力和社会资本等[220-221]更优于小农户。家庭农场主的出现使得棉花生产组织出现了一种新的模式，即家庭农场模式。家庭农场最早出现在 2013 年的中央 1 号文件中，指明我国的农业发展要向适度规模经营转变，并鼓励农户将土地向专业大户、家庭农场、合作社流转。由于家庭农场的确定需依据国家相关规定并依照一定标准实行，现阶段新疆家庭农场的发展尚处于起步阶段，被调查农户中有进行家庭经营的农业生产组织，即已确定为家庭农场，但数量有限，且家庭农场是以家庭为单位进行农业生产活动，并参与棉花市场交易，这与普通农户参与棉花市场交易有一定相似之处。因此，本书暂且将组织形式为家庭农场的农户归为"棉农＋市场"型的棉花生产组织模式。

二、农户选择参与的棉花生产组织模式

（一）研究区农户选择参与的棉花生产组织模式

农民组织是以农民利益为最高利益的组织[222]。农户参与农业生产经营组织是以获取最大收益为目的的决策行为。农户参与的棉花生产组织模式类型与当地现有的棉花生产组织模式类型密切相关。由图 7-1 从被调查农户参与的棉花生产组织模式分布可知，参与"棉农＋市场"型、"棉农＋企业"型、"棉农＋合作社＋企业"型和其他模式的农户占比依次减少。参与"棉农＋市场"型的农户占比最大，为 59.35%。

（二）不同类型农户选择参与的棉花生产组织模式

1. 不同区域农户选择参与的棉花生产组织模式

不同区域农户参与的棉花生产组织模式各不相同。由表 7-1 可知，总体上各棉区农户参与棉花生产组织模式的比重由"棉农＋市场"型、"棉农＋企业"型、"棉农＋合作社＋企业"型和其他模式依次减少；各棉区参与各类棉花生产组织模式的农户人数依次由昌吉州棉区、塔城棉区、阿克苏棉区、巴州棉区递减。可见当前各棉区农户参与的棉花生产组织模式是以"棉农＋市场"型为主，即农户的棉花生产中个人种植占较大比重。近年来，合作社、棉花加工企业等与农户联系日益紧密，促进了棉花生产的发展。

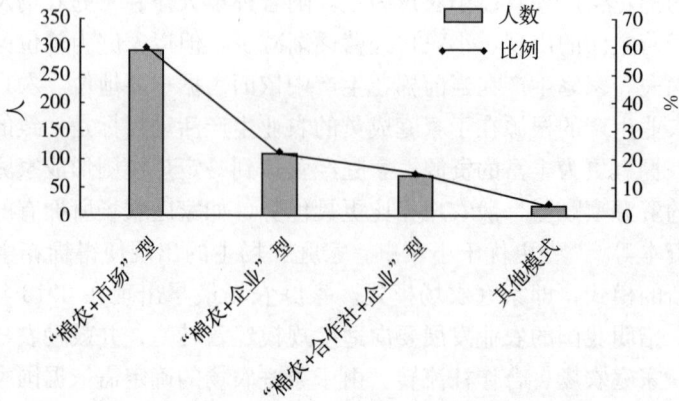

图 7 - 1　被调查农户参与的棉花生产组织模式分布

数据来源：依据实际调研的新疆主要种棉区域 492 户棉农数据整理所得。

表 7 - 1　不同区域农户选择参与棉花生产组织模式的情况

模式	昌吉州棉区		塔城棉区		巴州棉区		阿克苏棉区		合计	
	人数（户）	比重（%）	人数（户）	比重（%）	人数（户）	比重（%）	人数（户）	比重（%）	人数（户）	比重（%）
"棉农＋市场"型	136	27.64	95	19.31	24	4.88	37	7.52	292	59.35
"棉农＋企业"型	63	12.80	46	9.35	0	0.00	1	0.20	110	22.35
"棉农＋合作社＋企业"型	40	8.13	29	5.89	0	0.00	3	0.61	72	14.63
其他模式	11	2.24	7	1.42	0	0.00	0	0.00	18	3.65
合计	250	50.81	177	35.97	24	4.88	41	8.33	492	100.00

数据来源：依据实际调研的新疆主要种棉区域 492 户棉农数据整理所得。

2. 不同种植规模农户选择参与的棉花生产组织模式

不同种植规模农户参与的棉花生产组织模式不同。一般情况下，小规模种植农户通常选择自主经营的棉花生产组织模式，所参与的棉花生产组织模式为"棉农＋市场"型，中等规模和大规模的农户选择参与的棉花生产组织模式为"棉农＋企业"型和"棉农＋合作社＋企业"型。由表 7 - 2 可知种植规模不同的农户选择参与的棉花生产组织模式有一定差异。从纵向看，小规模种植农户选择自主经营的"棉农＋市场"型占比较大，为 27.44%，参与其他模式的占比较小；中等规模种植农户和大规模种植农户选择参与的棉花生产组织模式的变化趋势与小规模种植农户大体相同，但具体占比有一定差异。从横向看，农户参与"棉农＋市场"型的人数，随农户种植规模的增大而逐渐减少；参与"棉农＋企业"型模式的不同规模农户数量差异较小；而参与"棉农＋合作社＋企业"

型的农户占比低于参与"棉农＋市场"型和"棉农＋企业"型的农户占比。

3. 不同种植偏好农户选择参与的棉花生产组织模式

农户的种植风险偏好影响其选择参与的棉花生产组织模式，风险规避型、风险中立型和追求风险型农户选择参与的棉花生产组织模式不同，通常风险规避型农户较保守，其参与农业生产组织的概率不高，风险中立型和追求风险型农户参与各类农业生产组织的概率相对较高。由表 7-3 不同种植偏好农户选择参与的棉花生产组织模式情况可知，被调查农户中风险规避型农户占比较小，仅 14.84％，风险中立型农户占比较大，为 48.98％。从纵向看，不同风险偏好下的农户参与"棉农＋市场"型、"棉农＋企业"型、"棉农＋合作社＋企业"型、其他模式的占比逐渐下降。从横向看，不同种植偏好农户参与各类棉花生产组织模式的占比不同，其中风险中立型农户及追求风险型农户大多选择参与"棉农＋市场"型，同时风险中立型农户参与"棉农＋合作社＋企业"型和其他模式的占比均高于风险规避型农户占比和追求风险型农户占比。

表 7-2　不同种植规模农户选择参与的棉花生产组织模式情况

模式	小规模种植农户		中等规模种植农户		大规模种植农户		合计	
	人数（户）	比重（％）	人数（户）	比重（％）	人数（户）	比重（％）	人数（户）	比重（％）
"棉农＋市场"型	135	27.44	96	19.51	61	12.40	292	59.35
"棉农＋企业"型	37	7.52	39	7.93	34	6.91	110	22.36
"棉农＋合作社＋企业"型	23	4.67	20	4.07	29	5.89	72	14.63
其他模式	7	1.42	7	1.42	4	0.81	18	3.65
合计	202	41.05	162	32.93	128	26.01	492	100.00

数据来源：依据实际调研的新疆主要植棉区域 492 户棉农数据整理所得。

表 7-3　不同种植偏好农户选择参与的棉花生产组织模式情况

模式	风险规避型农户		风险中立型农户		追求风险型农户		合计	
	人数（户）	比重（％）	人数（户）	比重（％）	人数（户）	比重（％）	人数（户）	比重（％）
"棉农＋市场"型	43	8.74	157	31.91	92	18.70	292	59.35
"棉农＋企业"型	14	2.85	43	8.74	53	10.77	110	22.36
"棉农＋合作社＋企业"型	10	2.03	32	6.50	30	6.10	72	14.63
其他模式	6	1.22	9	1.83	3	0.61	18	3.65
合计	73	14.84	241	48.98	178	36.18	492	100.00

数据来源：依据实际调研的新疆主要植棉区域 492 户棉农数据整理所得。

4. 不同质量认知农户选择参与的棉花生产组织模式

农户对棉花质量的认知度存在差异，由此导致其选择参与的棉花生产组织模式也不同。实际调查结果显示，随着农户对棉花质量了解程度的加深，选择四类棉花生产组织模式的农户占比呈先上升后下降趋势；不同质量认知水平下，选择"棉农＋市场"型、"棉农＋企业"型、"棉农＋合作社＋企业"型和其他模式的农户人数逐渐降低（表7-4）。具体而言，从横向看，选择"棉农＋市场"型的农户中有33.94％对棉花质量的认知为"一般了解"，"比较了解"棉花质量的农户占12.60％，"不了解"和"非常了解"的农户占比均不足3％；选择"棉农＋企业"型的农户对棉花质量的认知度以"一般了解"为主，占10.57％，"比较了解"的农户占5.49％，"不了解"棉花质量的农户占比仅0.81％；而选择"棉农＋合作社＋企业"型的农户对棉花质量的认知度以"一般了解"和"比较了解"为主，"非常了解"棉花质量的农户仅0.41％，"不了解"棉花质量的农户占比较少；农户选择其他模式的占比总体较小。从纵向看，不同质量认知程度下，农户选择各类棉花生产组织模式的比重不同，其中"不了解"棉花质量的农户中选择"棉农＋市场"型的占比为2.64％，选择"棉农＋企业"型的占比为0.81％，选择其他模式的几乎没有；"不太了解"棉花质量的农户中，选择"棉农＋市场"型的占比为7.93％，仅1.22％选择参与其他模式。对棉花质量的认知程度为"一般了解""比较了解"和"非常了解"的农户中，选择各类棉花生产组织模式的农户占比排序为"棉农＋市场"型＞"棉农＋企业"型＞"棉农＋合作社＋企业"型。

表7-4 不同质量认知农户选择参与的棉花生产组织模式情况

模式	不了解		不太了解		一般了解		比较了解		非常了解		合计	
	人数(户)	比重(%)	人数(户)	比重(%)	人数(户)	比重(%)	人数(户)	比重(%)	人数(户)	比重(%)	人数(户)	比重(%)
"棉农＋市场"型	13	2.64	39	7.93	167	33.94	62	12.60	11	2.24	292	59.35
"棉农＋企业"型	4	0.81	18	3.66	52	10.57	27	5.49	9	1.83	110	22.36
"棉农＋合作社＋企业"型	3	0.61	10	2.03	33	6.71	24	4.88	2	0.41	72	14.64
其他模式	0	0.00	6	1.22	11	2.24	1	0.20	0	0.00	18	3.65
合计	20	4.06	73	14.84	263	53.46	114	23.17	22	4.48	492	100.0

数据来源：依据实际调研的新疆主要种棉区域492户棉农数据整理所得。

（三）农户对棉花生产组织模式的满意度

农户对棉花生产组织模式的满意程度体现了当前农户对棉花生产组织模式的评价。由表7-5可以看出，农户对各类棉花生产组织模式的满意度以"满意"为主，占51.23%，"很满意"和"不满意"的比重较低，分别为7.67%和3.17%。农户对"棉农＋市场"型和"棉农＋企业"型、"棉农＋合作社＋企业"型和其他类型的棉花生产组织模式评价均以"满意"为主，占比分别为30.47%、11.96%、7.22%、1.58%，评价为"不满意"的农户占比最少，分别为2.26%、0.68%、0.23%、0。上述描述性统计分析结果显示新疆棉区农户对各类棉花生产组织模式的评价较好，说明当前棉花生产组织模式基本能够满足农户需求。

表7-5　农户对棉花生产组织模式的满意度统计

单位：%

模式	很满意	满意	基本满意	不太满意	不满意	合计
"棉农＋市场"型	3.16	30.47	16.48	6.09	2.26	58.46
"棉农＋企业"型	2.48	11.96	7.00	1.35	0.68	23.47
"棉农＋合作社＋企业"型	1.58	7.22	3.39	2.03	0.23	14.45
其他模式	0.45	1.58	0.23	1.35	0.00	3.61
合计	7.67	51.23	27.10	10.82	3.17	100.00

数据来源：依据实际调研的新疆主要植棉区域492户棉农数据整理所得。

三、农户质量认知对其棉花生产组织模式选择的影响

农业生产经营组织对农户种植生产活动的影响表现在整个棉花生产环节。行为经济学理论指出人类的行为决策具有不确定性，为更科学地分析人类行为需要引入心理因素[223-224]，而新疆棉农生产组织模式选择过程需考虑农户心理认知对其组织行为的影响。棉农作为农业生产活动的主要决策者，其选择的棉花生产组织模式与棉农自身因素、认知、生产环境、政策及所在区域的农业生产组织现状等诸多因素密切相关，而在实际的棉花生产过程中究竟有哪些因素影响棉农选择组织模式？值得深入探析。据此，为进一步探讨农户的棉花生产组织模式选择行为，探究影响农户组织行为发生的关键因素，本研究在综合相关学者研究的基础上，基于归因理

论[225-228]，通过多元无序 Logistic 回归模型，从内、外驱动因素两方面出发，深入探析影响农户棉花生产组织模式选择的因素。

（一）理论模型与研究假说

1. 理论模型

农户行为理论一般用来分析农户的生产行为、消费行为和劳动力供给决策行为，它与一般的经济理论相一致[229]，而农户的棉花生产组织模式选择作为农户棉花生产行为的构成部分，该理论同样适用。农户的棉花生产组织模式选择是在一定客观条件下，农户对棉花生产组织、棉花质量产生一定认知的基础上，经过慎重思考后做出的理性行为决策，这不仅是农户参与组织的过程，也是其组织行为发生的一种重要表现形式。农户质量认知与其生产组织模式选择在一定程度上是相互作用的关系，质量认知在一定程度上影响了主体的组织模式选择，组织模式的出现影响农户组织行为的发生，进而影响农户的质量认知。这种作用关系主要体现在两个层面：第一，质量认知促使农户组织行为的发生。不同质量认知水平下农户的组织行为存在较大差异。通常情况下，农户质量认知水平较高会促进其组织行为的发生，相反，农户质量认知水平不高或"认知错误"则会抑制其组织行为的发生。第二，农业生产组织模式的出现有利于农户质量认知水平的提升。棉花生产组织的出现一方面丰富了农户的棉花生产行为，增加了农户收益，另一方面它对提升农户的质量认知具有较大的促进作用。

归因理论指人们对其行为结果的分析[226]，该理论系统地阐释了主体行为发生的原因[227]，对推断主体行为发生的动机具有重要的理论意义。而在当前棉花生产供给侧结构性改革背景下，影响农户选择棉花生产组织模式的因素众多，借鉴归因理论，可将影响农户选择棉花生产组织模式的因素分为两个方面：一是内部因素，即与农户自身相关的驱动农户选择棉花生产组织模式的因素；二是外部因素，即除农户自身外的驱动农户选择棉花生产组织模式的因素。具体来看，一方面，就农户个体而言，农户特征、农户的质量认知等是影响农户进行棉花生产组织模式选择的内在驱动力。另一方面，组织化程度、农业社会化服务供给等作为外部驱动因素同样影响农户进行棉花生产组织模式的选择。据此，本书在综合诸多学者相关研究的基础上，以归因理论、农户行为理论作为理论支撑，尝试提出"内因—外因"驱动的棉花生产组织模式选择分析框架，见图 7 - 2，以探究影响农户选择棉花生产组织模式的关键因素。

2. 研究假说

为深入考察驱动农户进行棉花生产组织模式选择的作用机制，依据图 7 - 2，

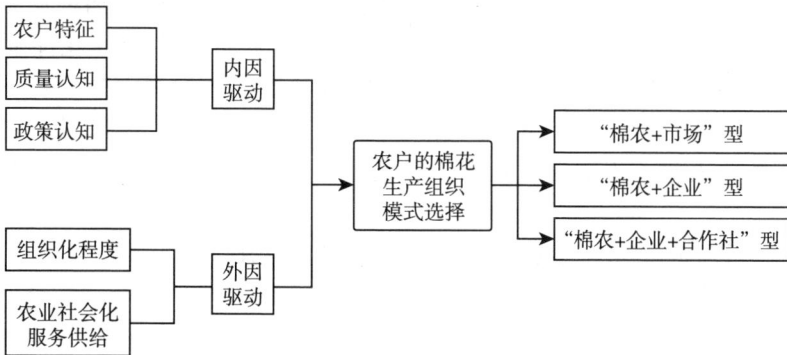

图 7-2　"内因—外因"驱动的棉花生产组织模式选择分析框架

总结国内外已有的关于影响棉花生产组织模式选择因素的研究成果，并结合实地调研情况，提出如下研究假说。

$H1$：农户特征对其选择棉花生产组织模式的影响显著。

农户特征即农户的个人基本特征，是农户自身特点的重要表现形式，对农户的棉花生产组织模式选择产生一定影响。不同农户的特征存在一定的差异性，而这种差异具体表现在其性别、年龄、文化程度、健康状况等方面。农户特征作为内因驱使着农户进行棉花生产组织模式的选择。诸多学者的研究结果显示，农户的个人特征对其棉花生产组织模式选择产生影响。[191-192]鉴于此，本书在综合相关学者研究的基础上，从农户是否从事农业生产、劳动力人口数和所在棉区三个方面的农户特征出发，提出从事农业生产活动、所在棉区位于北疆棉区、农户的家庭人口数量较多的农户，更倾向于选择加入棉花生产组织模式。

$H2$：农户的质量认知与其棉花生产组织模式经营呈负相关关系。

农户的质量认知是其对棉花色泽、棉花纤维长度、棉花纤维成熟情况、棉花纤维韧性的了解程度，农户对棉花质量的了解程度越深，其认知水平相应越高。认知行为理论表明认知是行为的基础。农户的质量认知作为一种内在因素驱动着农户的棉花生产组织模式选择行为的发生。这种驱动作用具体表现：一方面，当农户自身的棉花质量知识体系无法满足其对棉花质量进行正确认知的需要时，农户对棉花质量的认知可能存在偏差，促使农户选择其他方式以增强其对棉花质量的认知；另一方面，当农户个人的棉花生产行为已不能满足其对棉花质量和产量的需求时，使得其寻求更多的棉花生产经营方式以提升棉花质量和产量，增加收入，此时农户发生棉花生产组织模式选择行为的概率增加。反之，若农户对棉花质量的认知度较高且对棉花质量有较为正确的认知，农户可通过改变现有的棉花生产方式以提升棉花质量和产量,如通过流入土地增加种植面积、选择优质棉种从源头提升棉花质量、购买符合安全标准的农药化肥等农资以实现棉花品质的安全、采用科学有效的棉花生产技术提高植棉效率等,通过农户自身行为的转变以提升棉花质量和产量,因而农户选择参与棉花生产组织模式的概率逐渐降低。据此,本书提出农户质量认知与其棉花生产组织模式选择呈负相关关系。

H3:农户的政策认知对其棉花生产组织模式选择产生正效应。

宏观政策作为一种外在因素影响着农户认知与其生产行为。政策认知影响农户对政策的满意度,在一定程度上反映了政策的实施效果[230-231]。在各类农业政策的影响下,农户逐渐形成政策认知,农户政策认知的强烈程度影响着农户的棉花生产组织模式选择。通常政策认知水平较高的农户,对当前政策能够进行积极响应,选择棉花生产组织模式的概率增加。反之,政策认知水平不高的农户,政策的感知度不高,选择棉花生产组织模式的概率随之下降。据此,本书提出若农户对棉花纤维质量评价方法、质量兴农战略和棉花目标价格政策认知程度较高,其选择棉花生产组织模式的概率增加。反之,农户对这些政策的了解程度不高时,其选择棉花生产组织模式的概率反而降低。

H4:农户的棉花生产组织模式选择与组织化程度呈正相关关系。

组织化程度反映了农户所在区域的农业生产的规范性,同时体现了农户生产经营活动的计划性、有组织性。农户的棉花生产组织模式选择与组织化程度密切相关。一个地区的组织化程度越高,农户会更多地参与到有组织的农业生产活动中,其选择棉花生产组织模式的概率增加。反之,组织化程度不高的地区,农户选择保持原有的农业生产方式,其选择棉花生产组织模式的概率会降低。据此,本书结合实地调研情况,将农户是否参与土地流转和是否参与合作社作为反映组织化程度的变量,提出参与土地流转、参与合作社的农户选择棉花生产组织模式的概率显著提升。

H5:农户的棉花生产组织模式选择与社会化服务供给呈正相关关系。

农业社会化服务作为为农户服务的一部分,与农户的棉花生产组织模式选择联系紧密。通常农业社会化服务发展较好的地区,农户对农业信息、农业技术等的需求基本能够得到满足,其能够感知社会化服务的益处,其选择棉花生产组织模式的概率增加。与此相反,农业社会化服务供给不足的地区,农户对社会化服务的认知有限,对其评价不足,农户选择棉花生产组织模式的概率则降低。据此,本书提出农户的棉花生产组织模式选择与社会化服务供给呈正相关关系。

（二）模型构建与变量选择

1. 模型构建

回归分析是通常用来探究两种以上变量之间关系的方法。由于研究中因变量个数较多，且因变量之间不存在明显的定序关系，因此采用多元无序 Logistic 回归模型进行实证分析。结合调研结果将农户的棉花生产组织模式选择归纳为以下三种类型："棉农＋市场"型、"棉农＋企业"型、"棉农＋合作社＋企业"型。被解释变量为农户选择的棉花生产组织模式，将农户选择的棉花生产组织模式"棉农＋市场"型设定为 1、"棉农＋企业"型设定为 2、"棉农＋合作社＋企业"型设定为 3。对于任意的选择 $j=1$，2，3，$\cdots J$，多元无序 Logistic 表示[232]为：

$$\ln\left[\frac{P(y=j \mid x)}{P(y=J \mid x)}\right] = \alpha_j + \sum_{k=1}^{k} \boldsymbol{\beta}_{jk} x_k \qquad (7-1)$$

其中，$P(y=j \mid x)$ 表示农户采用第 j 种棉花生产组织模式的概率，x_k 表示第 k 个影响农户选择棉花生产组织模式的自变量，$\boldsymbol{\beta}_{jk}$ 表示自变量的回归系数向量。以 J 为参照类型，农户可选棉花生产组织模式的概率与选择 J 类棉花生产组织模式的概率比值，即 $\frac{P(y=j \mid x)}{P(y=J \mid x)}$ 为事件发生比，简称 $odds$。以"棉农＋市场"型为参照，建立的模型如下：

模型 I：
$$\ln(\frac{P_2}{P_1}) = \alpha_2 + \sum_{k=1}^{k} \boldsymbol{\beta}_{1k} x_k \qquad (7-2)$$

模型 II：
$$\ln(\frac{P_3}{P_1}) = \alpha_3 + \sum_{k=1}^{k} \boldsymbol{\beta}_{2k} x_k \qquad (7-3)$$

其中，P_1、P_2、P_3 分别表示选择"棉农＋市场"型、"棉农＋企业"型、"棉农＋合作社＋企业"型棉花生产组织模式的概率。

2. 变量选择

农户在棉花生产过程中，对棉花生产组织模式的选择是其权衡成本与收益的理性行为，该行为的发生与其能否生产优质棉花密切相关。农户选择怎样的棉花生产组织模式意味着其将以何种方式进行棉花生产，无论农户选择自主生产，或是加入棉花生产组织均是其作为理性经济人，为实现棉花生产收益最大化而进行的慎重选择。由于影响农户选择棉花生产组织模式的因素颇多，但在实际研究过程中通常并不能将所有因素均纳入统计分析，因而本书结合农户的组织模式选择理论、认知理论、行为经济理论、归因理论和理性经济人假设，结合调研数据选取以下几类变量，构建农户的棉花生产组织模式选择实证模型，加以验证。结合实际情况及相关学者的研究，本书将农户的棉花生产组织模式选择作为被解释变量，从农户特征、质量认知、政策认知、组织化程度和农业社会化服务供给 5 个方面共选取 17 个指标作为解释变量。本书选用是否从事农业生产活动、家庭劳动力数量和所在棉区作为判断农户特征的变量；将棉花色泽、棉花纤维长度、棉花纤维成熟情况、棉花纤维韧性、棉花纤维长度整齐度 5 个变量作为判断农户质量认知的依据；选择棉花纤维质量评价方法、质量兴农战略和棉花目标价格政策作为反映农户政策认知的变量；选择是否参与土地流转和是否参与合作社作为体现农户组织化程度的变量；农业社会化服务供给则由是否有农业合作社、是否有农业信息服务协会、是否有专职农业技术人员、每年接受技术服务次数来反映。并对这些指标进行预期作用方向估计、变量定义等，见表 7－6。

表 7－6　对选取变量的描述性统计

变量名称		代码	变量赋值	均值	标准差	预期作用方向
因变量						
	农户的棉花生产组织模式选择	y	1＝"棉农＋市场"型，2＝"棉农＋企业"型，3＝"棉农＋合作社＋企业"型	1.59	0.78	
自变量						
农户特征	是否从事农业生产活动	$x1$	1＝从事，0＝未从事	1.01	0.47	＋
	家庭劳动力数量	$x2$	1＝1～2 人，2＝3～4 人，3＝5～6 人	1.25	0.48	＋
	所在棉区	$x3$	1＝昌吉州棉区，2＝塔城棉区，3＝巴州棉区，4＝阿克苏棉区	1.71	0.90	－
质量认知	棉花色泽	$x4$		2.86	1.05	－
	棉花纤维长度	$x5$	农户对棉花质量的认知：1＝不了解，2＝不太了解，3＝一般了解，4＝比较了解，5＝非常了解	2.88	0.99	－
	棉花纤维成熟情况	$x6$		2.58	1.10	－
	棉花纤维韧性	$x7$		1.96	0.92	－
	棉花纤维长度整齐度	$x8$		2.14	1.04	－
政策认知	棉花纤维质量评价方法	$x9$		0.29	0.45	＋
	质量兴农战略	$x10$	农户对政策的认知：1＝了解，0＝不了解	0.75	0.43	＋
	棉花目标价格政策	$x11$		0.79	0.41	＋
组织化程度	是否参与土地流转	$x12$	1＝参与，0＝未参与	0.20	0.40	＋
	是否参与合作社	$x13$	1＝参与，0＝未参与	0.48	0.51	＋

（续）

变量名称	代码	变量赋值	均值	标准差	预期作用方向
农业社会化服务供给	是否有农业合作社 $x14$	1＝有，0＝没有	0.47	0.50	＋
	是否有农业信息服务协会 $x15$	1＝有，0＝没有	0.36	0.48	＋
	是否有专职农业技术人员 $x16$	1＝有，0＝没有	0.41	0.49	＋
	每年接受技术服务次数 $x17$	1＝0 次，2＝1~3 次，3＝3~6 次，4＝7 次以上	1.90	0.73	＋

（三）模型估计与结果

1. 模型估计及检验

由于影响农户选择棉花生产组织模式的因素颇多，且本书选取的变量数目较多，各变量之间可能存在共线性，致使系数估计存在误差。因此，在进行 Logistic 回归分析之前，需要对选取变量进行共线性检验，以保障实证模型结果的有效。学者一般通过方差膨胀因子（VIF）和容差（TOL）判断变量之间是否存在共线性[233]，研究中运用 Spss21.0 对各个变量进行了共线性诊断，结果显示 $0.49 < TOL < 0.98$，$1.031 < VIF < 2.041$，其中最大方差膨胀因子为 2.041，具体结果见表 7-7，表明各变量之间不存在严重的多重共线性，可进行 Logistic 回归分析。

表7-7 各变量间多重共线性诊断结果

变量	方差膨胀因子（VIF）	容差（TOL）
是否从事农业生产活动（x_1）	1.046	0.956
家庭劳动力数量（x_2）	1.031	0.970
所在棉区（x_3）	1.276	0.784
棉花色泽（x_4）	1.758	0.569
棉花纤维长度（x_5）	2.041	0.490
棉花纤维成熟情况（x_6）	1.551	0.645
棉花纤维韧性（x_7）	1.708	0.585
棉花纤维长度整齐度（x_8）	1.526	0.655
棉花纤维质量评价方法（x_9）	1.149	0.870
质量兴农战略（x_{10}）	1.290	0.775

（续）

变量	方差膨胀因子（VIF）	容差（TOL）
棉花目标价格政策（x_{11}）	1.189	0.841
是否参与土地流转（x_{12}）	1.197	0.836
是否参与合作社（x_{13}）	1.372	0.729
是否有农业合作社（x_{14}）	1.373	0.728
是否有农业信息服务协会（x_{15}）	1.410	0.709
是否有专职农业技术人员（x_{16}）	1.579	0.633
每年接受技术服务次数（x_{17}）	1.086	0.921
Mean VIF	1.387	

2. 结果分析

本书采用 Spss21.0 对影响农户选择棉花生产组织模式的因素进行了多元无序 Logistic 分析，结果见表 7-8。在建立具体的农户农业生产组织模式选择行为影响因素模型过程中，以"棉农＋市场"型的农业生产组织模式为参照（取值为 1），建立模型 Ⅰ 和模型 Ⅱ，用来估计农户选择"棉农＋企业"型还是"棉农＋市场"型、"棉农＋合作社＋企业"型还是"棉农＋市场"型。最终模型的估计结果显示：回归模型的卡方值为 320.084，负二倍对数似然值为 736.205，P 值为 0.000，可见整体模型的拟合度较好。

表 7-8　农户的棉花生产组织模式选择的影响因素结果分析

变量	模型 Ⅰ（"棉农＋企业"型/"棉农＋市场"型）				模型 Ⅱ（"棉农＋合作社＋企业"型/"棉农＋市场"型）			
	系数	标准误	Wald	Exp（B）	系数	标准误	Wald	Exp（B）
$x1$	−1.080**	0.516	4.384	0.340	−0.395	0.471	0.703	0.674
$x2$	−0.047	0.246	0.037	0.954	−0.535*	0.309	3.002	0.585
$x3$	−0.560***	0.171	10.747	0.571	−0.437**	0.189	5.329	0.646
$x4$	−0.062	0.152	0.166	0.940	−0.128	0.163	0.616	0.880
$x5$	−0.073	0.177	0.171	0.929	−0.207	0.204	1.025	0.813
$x6$	0.148	0.138	1.153	1.159	−0.167	0.168	0.994	0.846
$x7$	−0.069	0.170	0.166	0.933	−0.066	0.200	0.109	0.936
$x8$	0.074	0.143	0.271	1.077	0.311*	0.166	3.521	1.365

（续）

变量	模型Ⅰ（"棉农＋企业"型/"棉农＋市场"型）				模型Ⅱ（"棉农＋合作社＋企业"型/"棉农＋市场"型）			
	系数	标准误	Wald	Exp（B）	系数	标准误	Wald	Exp（B）
$x9$	0.321	0.285	1.270	1.379	0.577*	0.334	2.980	1.781
$x10$	−0.078	0.320	0.060	0.925	0.488	0.416	1.374	1.628
$x11$	0.780**	0.373	4.358	2.181	−0.878**	0.381	5.318	0.416
$x12$	0.586**	0.244	5.744	1.796	0.575*	0.306	3.540	1.777
$x13$	−0.848*	0.442	3.678	0.428	2.293***	0.367	39.123	9.904
$x14$	0.230	0.263	0.767	1.259	0.604*	0.362	2.781	1.829
$x15$	−0.218	0.309	0.497	0.804	−0.649*	0.366	3.149	0.523
$x16$	−0.382	0.318	1.440	0.683	0.165	0.369	0.200	1.179
$x17$	0.173**	0.086	4.040	1.189	0.187*	0.101	3.415	1.206
拟合优度检验			997.371					
卡方统计值			320.084					
似然比卡方检验显著性水平			0.000					

注：*、** 和 *** 分别表示通过了10％、5％和1％统计水平的显著性检验。

（1）农户特征对其棉花生产组织模式选择的影响

对于"棉农＋企业"型棉花生产组织模式，未从事农业生产的农户选择该模式的可能性更大，农户是否从事农业生产活动对其选择"棉农＋合作社＋企业"型不产生影响，这与研究假说不一致。可能是由于长期从事农业生产活动的农户对棉花培育、棉田管理等较熟悉，且经验丰富，已形成固定的农业生产方式，因而其改变现有的经营决策的意愿较为薄弱。农业合作社作为一种新兴组织，农户对其的了解有限，棉农选择"棉农＋合作社＋企业"型受周围环境影响较大，农户是否从事农业生产活动对其影响不突出。

而家庭劳动力数量对农户选择"棉农＋合作社＋企业"型有显著的负向影响，且通过了10％的显著性检验，农户选择"棉农＋企业"型则不受其影响。研究结果与研究假说相反，原因可能是家庭劳动力数量越多，农户的劳动力资源越丰富，已基本能够满足农户所需，其选择"棉农＋合作社＋企业"型的概率越小。反之，当农户的家庭劳动力数量不足时，其大多选择加入合作社或寻求其他方面的服务供给以满足实际生产需求。因此，农户的家庭劳动力数量与其选择"棉农＋合作社＋企业"型呈负相关关系。

农户所在棉区与其选择的棉花生产组织模式呈显著的负相关关系。农户所在棉区对农户选择"棉农＋企业"型和"棉农＋合作社＋企业"型的影响分别通过了1％和5％的显著性检验。即当农户所在棉区为塔城或昌吉州棉区时，农户倾向选择"棉农＋企业"型或"棉农＋合作社＋企业"型的概率增加，出现该现象的原因有以下两点：一是不同棉区的地理位置、经济状况、棉花生产组织发展情况不同。北疆拥有经济、地理位置等优势，棉花产业发展较南疆迅速，棉花生产逐渐趋向机械化、规模化及标准化，棉农与企业、合作社之间的交流合作更紧密，农户基本实现依据市场需求进行棉花生产。而巴州和阿克苏棉区作为新疆的主要种棉区域，虽具备较好的气候条件，但受制于当地经济发展水平，仅小部分地区的棉花生产为农户与企业签订合同的订单式生产，大部分地区农户的棉花生产以小农户种植为主，机械化和标准化水平不高，农户选择"棉农＋企业"型或"棉农＋合作社＋企业"型的概率降低。二是与此次调研区域相关。由于此次调研主要以北疆为主，南疆调研区域范围略小，南疆和北疆由于样本量的差异对模型结果也产生了一定影响。

（2）质量认知对农户棉花生产组织模式选择的影响

从整体上看，农户质量认知对其棉花生产组织模式选择的影响较小，仅农户对棉花纤维长度整齐度的认知对其选择"棉农＋合作社＋企业"型有显著正向影响，这与预期作用方向不一致。出现该现象的原因，一是农户的质量认知水平不高、存在认知偏差，二是在个体行为对提升棉花质量无效的情况下，农户需要选择参与棉花生产组织以增加收益。部分农户受固有思想影响，其棉花生产行为保守、接受新事物的能力较弱、对棉花质量认知不足，这部分农户认为自身生产的棉花质量已经基本能够满足棉花市场的需求，因此，其选择参与棉花生产组织的概率降低。另外，部分农户对棉花质量的认知水平较高，接受新事物能力强，如其对棉花纤维长度整齐度较了解，这部分农户更愿意通过加入棉花生产组织从整体上提升棉花质量，因而其选择参与"棉农＋合作社＋企业"型模式的概率增加。而农户对棉花色泽、棉花纤维长度、棉花纤维成熟情况和棉花纤维韧性的认知则对农户的农业生产组织模式选择影响不突出，出现该情形的原因可能是大多数农户对棉花质量的认知依旧以衣分和产量为主，对具体判断棉花质量的指标认知不足，其通过加入棉花生产组织提升棉花质量的意愿不强，农户选择参与棉花生产组织的概率降低。

（3）政策认知对农户棉花生产组织模式选择的影响

政策认知作为内在驱动力影响着农户的棉花生产组织模式选择，突出表现为农户对棉花纤维质量评价方法、棉花目标价格政策的认知会影响其棉花生产组织模式的选择。以"棉农＋市场"型的棉花生产组织模式为参照，农户对棉花纤维质量评价方法的认知对其选择"棉农＋合作社＋企业"型影响突出，但对其选择"棉农＋企业"型影响不显著。这可能是因为随着农户对棉花纤维质量评价方法认知程度的加深，农户的棉花质量意识增强，促使其改变现有的棉花生产方式，加入合作社，以降低生产成本，提高棉花质量，其选择"棉农＋合作社＋企业"型的概率增加。

农户对棉花目标价格政策的认知显著影响其棉花生产组织模式选择。农户对棉花目标价格政策的认知对其选择"棉农＋企业"型产生正向影响，而对其选择"棉农＋合作社＋企业"型产生负向影响。以农户选择"棉农＋市场"型为参照，了解棉花目标价格政策的农户通常更多参与"棉农＋企业"型棉花生产组织模式，而对棉花目标价格政策了解不足的农户则倾向选择"棉农＋合作社＋企业"型棉花生产组织模式，说明农户对棉花目标价格政策的认知差异使其选择了不同的棉花生产组织模式。农户对棉花目标价格政策越了解，其对棉花政策、棉花市场价格更关注，其能够深刻感知政策对农户棉花生产的影响，同时对企业收购棉花的价格、规章等更熟悉，与棉花企业之间的联系紧密，选择参与"棉农＋企业"型棉花生产组织模式的概率增加。而对棉花目标价格政策了解不足的农户，其选择"棉农＋合作社＋企业"型棉花生产组织模式的概率增加。

（4）组织化程度对农户棉花生产组织模式选择的影响

组织化程度作为一种外在因素驱动着农户进行棉花生产组织模式选择。组织化程度对农户的棉花生产组织模式选择影响突出，表现为农户是否参与土地流转及是否参与合作社会影响其对棉花生产组织模式的选择。以"棉农＋市场"型为参照，农户是否参与土地流转变量对其选择"棉农＋企业"型、"棉农＋合作社＋企业"型有正向影响，且分别通过5％和10％的显著性检验。即参与土地流转的农户，其选择"棉农＋企业"型、"棉农＋合作社＋企业"型棉花生产组织模式的概率增加。相反，未参与土地流转的农户选择参与这两种模式的概率降低。出现该现象的原因可能是大多数农户通过土地流入或流出的方式影响其棉花生产。一方面，农户流入土地，可能成为新型农业经营主体，如种植大户或家庭农场主等，另一方面，农户流出土地，即将土地流转给企业或合作社等，这部分农户选择"棉农＋企业"型或"棉农＋合作社＋企业"型棉花生产组织模式的概率增加。

农户是否参与合作社对其选择棉花生产组织模式也有一定影响。以"棉农＋市场"型为参照，农户是否参与合作社对其选择"棉农＋企业"型有负向影响且通过10％的显著性检验，而对其选择"棉农＋合作社＋企业"型棉花生产组织模式有正向影响且通过1％的显著性检验，出现该现象的原因可能是参与农业合作社的农户对合作社的了解程度较深，且能够意识到加入合作社对降低种棉成本、提升棉花质量的重要性，因此，其选择"棉农＋合作社＋企业"型组织模式的概率增加，而未参与农业合作社的棉农，其对合作组织的认知不足，尚未感知到合作社对优质棉生产的重要性，其并未选择参与"棉农＋合作社＋企业"型的棉花生产组织模式，而这部分农户可能对棉纺企业有一定了解，与企业之间的交流合作紧密，更能接受"棉农＋企业"型的棉花生产组织模式，因此，农户参与合作社与其选择参与"棉农＋企业"型呈负相关关系，与其选择参与"棉农＋合作社＋企业"型呈正相关关系。

（5）社会化服务供给对农户棉花生产组织模式选择的影响

社会化服务供给作为外在驱动力影响着农户的棉花生产组织模式选择。以"棉农＋市场"型为参照，农户每年接受技术服务次数对其选择参与"棉农＋企业"型有显著正向影响，而农户所在区域是否有农业合作社、是否有农业信息服务协会和农户每年接受技术服务次数对其选择"棉农＋合作社＋企业"型棉花生产组织模式影响较突出，除是否有农业信息服务协会对农户选择"棉农＋合作社＋企业"型有负向影响外，其他变量对农户选择该模式均有显著的正向影响。

以"棉农＋市场"型为参照，是否有农业合作社变量对农户选择"棉农＋合作社＋企业"型棉花生产组织模式的影响为正且通过了10％的显著性检验，而对农户选择"棉农＋企业"型棉花生产组织模式影响不突出。在有农业合作社的地区，随着农业合作社的发展，合作社与企业之间的联系紧密，农户能够感知农业合作社对棉花生产的重要作用，尤其能够感知其对生产优质棉花的促进作用，农户有机会参与农业合作社，并倾向选择"棉农＋合作社＋企业"型棉花生产组织模式。

是否有农业信息服务协会对农户选择"棉农＋合作社＋企业"型有负向影响且通过10％的显著性检验。通常有农业信息服务协会的地区，农业信息服务协会可为农户提供关于轧花厂、棉纺企业的棉花品质需求信息等，农户对轧花厂、合作社的了解，便于其进行棉花生产组织模式的选择。但实际研究中，农户所在地区没有农业信息服务协会时，其更偏向选择"棉农＋合作社＋企业"型，这可能是因为没有农业信息服务协会的地区虽不能及时为农户提供充足服务，但伴随"互联网＋"时代的到来，农户接受各类信息的途径增多，农业信息获取更为便捷，农户对"棉农＋合作社＋企业"型棉花生产组织模式有一定了解，其选择参与"棉农＋合作社＋企业"型棉花生产组织模式的概率增加。

农户每年接受技术服务次数与农户选择棉花生产组织模式呈正相关关系。

就农户选择的"棉农＋市场"型棉花生产组织模式而言，农户每年接受的农业技术服务次数变量对其选择"棉农＋企业"型和"棉农＋合作社＋企业"型的影响分别通过5％和10％的显著性检验。即农户每年获得的技术服务次数越多，农户对农业技术的理解越深刻，其更能感知技术对棉花生产效率提高及棉花质量提高的重要性，农户对"棉农＋企业"型的订单式棉花生产和"棉农＋合作社＋企业"型的社企联盟的认可度较高，其选择参与该模式的概率增加。

四、本章小结

本章基于微观数据，通过分析农户所在区域的棉花农业生产组织的概况、农户选择参与棉花生产组织模式情况（农户选择参与的棉花生产组织模式、不同类型农户参与农业生产经营合作社的概况及农户对棉花生产组织模式的满意度），并从农户视域出发，基于归因理论，构建"内因—外因"驱动的棉花生产组织模式选择分析框架，运用多元无序Logistic模型分析影响农户质量认知的内外驱动因素，重点探究农户质量认知对其棉花生产组织模式选择的影响，得到以下结论。

第一，本书将新疆棉区的棉花生产组织模式划分为："棉农＋市场"型、"棉农＋企业"型、"棉农＋合作社＋企业"型及其他模式，不同区域的各类棉花生产组织模式占比不同，被调查农户参与的棉花生产组织模式主要以"棉农＋市场"型为主，"棉农＋企业"型和"棉农＋合作社＋企业"型有较大提升空间，而其他模式中的"棉农＋合作社＋企业＋服务组织"型是未来较有发展潜力的组织模式。不同棉区、种植规模、种棉偏好和质量认知的棉农选择参与的棉花生产组织模式存在差异，农户对各类棉花生产组织模式的评价较好，主要评价以"满意"为主，"很满意"和"不满意"的比重较低。

第二，以归因理论、农户行为理论等作为理论支撑，构建"内因—外因"驱动的棉花生产组织模式选择分析框架，以探究影响农户的棉花生产组织模式选择的关键因素。结果显示，农户特征、政策认知是影响农户选择棉花生产组织模式的内在驱动力，农户质量认知中仅农户对棉花纤维长度整齐度的认知对其选择棉花生产组织模式影响较大，组织化程度和农业社会化服务供给作为外在驱动因素同样影响着农户的棉花生产组织模式选择；以农户选择"棉农＋市场"型为参照，影响农户选择"棉农＋企业"型棉花生产组织模式的因素有是否从事农业生产活动、所在棉区、棉花目标价格政策、是否参与土地流转、是否参与合作社和农户每年接受技术服务次数等变量，而农户的家庭劳动力数量、所在棉区、棉花纤维长度整齐度、棉花纤维质量评价方法和棉花目标价格政策、是否参与土地流转、是否参与合作社、是否有农业合作社、是否有农业信息服务协会及每年接受技术服务次数变量是影响其选择"棉农＋合作社＋企业"型棉花生产组织模式的关键因素。

第八章 优化农户棉花生产行为的 政策建议

本章主要在前几章描述性统计分析和定性分析的基础上，结合研究区域农户的棉花生产行为特征，提出优化新疆农户棉花生产行为的政策建议。

一、建立质量导向机制，实行质量兴棉战略

(一) 全面实行质量兴棉战略，稳固优质棉生产基地建设

在全疆范围内实行质量兴棉战略，革新新疆棉花产业。一是重视棉种质量，优化棉种结构。增强农户的棉种质量重视程度，引导农户依据棉花种植区域差异，选择适合种植区生长的品种进行棉花生产。优化新疆棉花的区域生产布局和品种结构。同时推进棉花主栽品种的区域化、规模化生产，以解决当前棉花品种多乱杂等问题。二是注重棉田质量，完善棉田基础设施建设。棉田质量是保障棉花生长发育顺利的基础，棉田质量的优劣程度对棉花质量的影响巨大，因此需更加重视棉田质量。大力实行棉田规模化和开展棉田的综合治理，完善棉田基础设施建设。全面推广棉田高效节水灌溉，实行水肥一体化，增强水资源的高效利用，引导棉花生产向精准化迈进。三是稳固优质棉生产基地建设。将培育优质棉花作为主要目标，增强新疆高品质棉花的供给。

(二) 构建以质量为标准的法律政策监管体系

构建以质量为标准的法律政策监管体系，规范农户的棉花生产行为，是实现棉花产业可持续发展的有力措施。用法律政策监管体系来监督和约束农户、企业及合作社组织等的行为，是规范棉花市场秩序、稳定棉花价格、提升棉花质量的重要举措。以质量为标准的法律政策监管体系的建立可从以下几方面展开：第一，确定质量标准的内容。需以判断棉花质量高低的相应指标及其他方面共同作为判断标准，即棉花纤维检测中的马克隆值、长度级等质量指标，以及棉纺企业对不同棉花品质的需求作为判断棉花质量的依据。第二，制定以棉花质量为标准的法律监管体系。该监管体系始终以棉花质量为监督标准，坚持公平公正原则。

（三）统一棉花质量评定标准，探索棉花补贴新方式

为提升新疆棉花品质，需从以下两方面着手：一是按照棉花市场对棉花品质的需求，建立统一的棉花质量评定标准，以实现棉花产业向高质量、规范化发展。鼓励新疆棉农积极探索生产高品质棉花的方式，满足棉纺企业对高等级棉花的需求。二是在现有棉花补贴的基础上，结合实际棉花补贴的情况，积极探索与棉花质量相关的新型棉花补贴方式。

（四）增强棉区农资市场监管体系建设，优化区域农资环境

农资是农户进行植棉活动不可缺少的生产资料，保障农资市场的稳定是确保农户获得价格合理、安全的农药、化肥和种子等农资的有效措施。为保证农资质量，稳定农资购买市场，预防农户购买虚假棉种、农药和化肥等，确保农户买到安全放心的农资，需加强对农资市场的监督管理，优化农资市场环境。具体可从以下方面展开：第一，建立严格的农资市场监督管理机构，制定约束农资企业销售行为的规章制度。严把农资价格、质量关，打击假冒伪劣的不合格农资销售行为，维护农资销售市场稳定。第二，加强农资追溯体系。着力推行智慧农资和农资追溯体系建设，推行农资物联网销售模式，推动农资行业的信息化、现代化和智能化发展。第三，维护农资市场秩序，稳定棉区农资价格。严厉查处价格欺诈等扰乱农资市场秩序的行为，保证棉区农资价格的稳定。第四，进行种业革新，规范地方种子市场。革新棉种企业，取缔不规范的小种业公司，规范地方种子市场，建立固定的棉种销售点，依据市场需求供应棉种。

二、引导棉农进行规模化生产，为提升棉花质量提供条件

（一）构建"互联网＋农户＋社会化服务"的棉花生产组织模式

由于大多数农户在棉花市场中不具备优势，为保障农户植棉活动的有序进行，本书提出构建一个将互联网、农户和农业社会化服务相结合的新型棉花生产组织模式，以便为农户生产高品质棉花提供便利。基于"互联网＋"的时代背景，鼓励农户加入不同的农业生产经营组织，积极与农资企业、棉纺企业合作交流，希望通过该模式为新疆农户的棉花业生产提供充足便利的服务支持。构建"互联网＋农户＋社会化服务"的新型棉花生产组织模式，让农户与社会化服务组织通过互联网络相互联系，从而实现农户、企业、社会化服务主体的棉花产业链一体化发展。

（二）全面实行土地流转

土地流转是进行地块整合的有效方式，在一定程度上有利于实现棉花生产

的规模化。研究表明，植棉规模对农户的棉花生产行为影响颇深，具体表现为植棉规模的差异导致农户对棉花质量的认知不同，影响农户的棉花生产行为。因此，需完善现行土地流转制度，鼓励农户之间进行地块整合，将分散的土地集中管理，实现棉地规模化。可从以下三方面展开：一是鼓励种棉大户通过土地租赁、承包等方式获得土地经营权；发展种植大户，并将其发展为专业从事棉花种植的精良群体，保障农户优质棉生产的展开，提升棉花质量。二是支持中等规模和小规模农户进行土地的流入，并将其逐渐发展为种棉大户，开展现代化的棉花生产经营；鼓励中等规模和小规模农户流出土地，以释放中、小规模农户，鼓励小规模农户外出打工或创业等。三是在全区范围内开展土地流转，以实现土地和人力资源的合理优化配置。

（三）提高棉花生产的规模化程度

棉花规模化生产是实现传统的棉花生产向现代化转变的必然趋势。棉花生产规模化，要从转变农户的植棉意识出发，逐步实现农户棉花生产规模化。具体可从以下方面展开：一是鼓励种棉大户规模化经营，为棉花种植大户提供充足的服务供给。二是建立农户间的社交网络平台，增强种植大户、中等规模农户及小规模农户之间的交流与合作。转变棉农的棉花生产意识，逐渐引导小规模农户、中等规模农户向大规模农户转变。三是提高拥有大型机械设备农户的农机补贴，支持农户进行规模化生产，降低棉花生产成本。四是建立棉花生产标准，规范农户的棉花生产行为。大力推广棉花的机械采摘，根据农户的棉花种植规模，选择适宜的采摘方式，将人工采摘与机械采摘相结合，从采摘环节提升棉花质量。

（四）建立专业一体化的为棉服务体系

建立专业一体化的为棉服务体系，实现棉花生产经营规模化。首先，基于现有的棉花服务体系，建立专业的为棉服务系统，为农户的棉花生产提供各项服务。优化公益性服务机构的基础设施，如优化农业推广机构、农经站、农机站、农技站等服务机构的基础设施。其次，完善棉花社会化服务供给体系，加强棉花生产各环节的服务供给，将供给主体提供的服务与农户实际需求相结合，建立完整的棉花服务供应链。鼓励农户在生产环节实行服务外包，提高植棉效率，提升棉花质量。

三、培育高素质棉农，科学管理棉田

（一）加速高素质棉农培训进程，增强农户技术认知

具有专业化科学生产技能的高素质农民是新时期农业生产的主力军。培育

高素质农民符合"创新、协调、绿色、开放、共享"新发展理念,是农业现代化及农业生产可持续发展的重要举措。培育高素质棉农是稳定新疆棉花种植面积、从源头提升棉花质量的有效途径。研究发现技术认知显著影响农户的棉花生产行为,因此,需通过培育高素质棉农,增强农户的技术认知,引导农户采纳优质棉生产技术。具体可从以下措施展开:第一,加强对新疆棉区高素质棉农培育的宣传。将线上的手机、互联网平台等新媒介同线下的宣传册、橱窗等方式相结合,增强高素质棉农培育的宣传力度。紧紧围绕党中央关于培育高素质农民的标准,选拔一批思想开放、接受新事物能力强、敢于实践的棉农。第二,优先培育本土高素质棉农,加速高素质棉农的培训进程,提升棉农整体素质。结合本地的人才优势,从合作社社长、种植大户、家庭农场主等新型农业经营主体中培育一批优秀的高素质棉农。

(二)创新新旧媒体融合方式,提升农户质量认知

研究发现新疆棉农的质量认知对其棉花生产行为会产生较大的影响。因此,提升农户的质量认知具有重要意义。为提升农户的质量认知,本书提出,首先,要大力开展有关棉花政策、棉花质量及新品种、新技术的教育培训,拓宽农户视野,提升其棉花生产能力。其次,采用新旧媒体融合创新的方式,引导农户形成正确的质量认知。实行线上与线下结合的培训方式增强农户对棉花质量、棉花相关政策、棉花质量指标的了解。通过线上依托广播电视、互联网、三微平台(微信、微博、微视频和移动客户端等新媒体平台)等媒介的农户自主学习,与线下农技推广人员、专家等面对面教授相结合的方式,指引新疆棉农由多渠道、多种方式形塑正确的棉花质量认知。

(三)实行棉田差异化管理,营造良好的植棉环境

棉田环境影响棉花的生长发育,不同农户的棉田环境差异较大,因此,结合棉田状况进行差异化植棉对提升棉花质量意义重大。据此,本书提出营造良好棉田环境,提升棉花质量的两个措施:第一,创新农户的棉田管理方式,鼓励农户依据棉田状况实行差异化管理。从棉田管理技术和方法等出发,摒弃现有棉田管理中不合理的部分,综合多方意见创新棉田管理方式。鼓励农户在棉田土壤盐碱化较严重时采取降低盐碱化的措施,在棉田缺水时适时补充水分,针对地膜残留较严重的棉田需及时清理地膜等。第二,激励农户积极参与棉田环境评估,增强农户的棉田环境感知能力。农户作为棉田的使用者需及时评估棉田环境以便采取合理的棉田防护措施,保障棉田质量。通过采取田间棉田防护指导等多种方式,增强农户的棉田环境感知能力,为棉花生产营造良好的环境。

（四）规范棉农的农资购买行为，形成良好的农资购买氛围

研究表明，农户的质量认知与棉田环境之间存在一定联系，农户质量认知对棉田环境产生影响，这种影响表现在农户质量认知作用于其生产资料的配置会引起棉田环境改变，因此需在提升新疆棉农质量认知的基础上，规范其农资购买行为。据此，本书提出：一是要转变农户的选种观念，鼓励其从正规渠道购买优质棉种。棉种是决定棉花内在品质的关键，农户的棉种来源渠道丰富，需鼓励农户通过正规渠道购买，坚持选优原则，不混种，并按照纺织企业的需求选种。二是引导农户通过农资企业、合作社、村集体等正规途径购买农药、化肥等植棉所需农资。正规途径购买的农资质量较好且有安全保障，因此需规范农资企业的农资销售行为，引导农户选择正确的农资购买方式。

第九章　结论与展望

一、主要结论

本书运用新疆棉区 492 户农户的调研数据对农户的棉花生产行为进行分析，首先基于宏观数据概述新疆棉花生产发展现状；其次运用描述性统计法分析新疆棉农的质量认知及其差异性，通过多元有序 Logistic 模型重点探讨影响棉农质量认知的因素；紧接着以社会认知理论为支撑，构建"质量认知—环境感知—生产行为感知"的理论架构，借助 FA - SEM 模型探析农户质量认知、环境感知对其棉花生产行为感知的影响；结合农户的棉花生产技术采纳现状，基于 SCP 理论建立"技术培训—农户认知—技术采纳"结构方程理论模型，用该模型对农户的棉花生产技术采纳进行实证分析；再次构建"内因—外因"驱动的棉花生产组织模式选择分析框架，通过运用多元无序 Logistic 模型，探寻影响农户棉花生产组织模式选择的主要因素。由上述分析可得到以下结论。

第一，通过分析棉花生长的自然环境、棉花主产区主产县的划分及当前新疆棉花质量状况及问题可知：一是光照、水资源等自然条件在很大程度上影响棉花的生长发育。气候因素与棉花质量存在较大的相关性，学者根据影响植棉生长的气候指标对新疆棉区采取不同的划分方式。二是 1978—2020 年新疆棉花种植面积及产量呈波动式上升，且植棉面积占我国植棉面积的比重显著上升。三是从地理位置上看，新疆棉花集中分布在北疆部分区域和南疆大部分地区及东疆区域，其中北疆植棉的主要区域涵盖昌吉州和塔城地区，南疆植棉区域主要分布于巴州、阿克苏及喀什地区。南疆是新疆植棉的主要区域，其次是北疆，最后是东疆，且各区域的植棉规模大小不一，宜棉区与非宜棉区由于受自然环境影响，差异较大。四是 2000—2020 年全疆从未种植棉花的县域以及有 7 年及以上没有种植棉花的县域有 23 个，有 62 个县域种植棉花（南疆 41 个、北疆 14 个、东疆 7 个），将这些县域按照植棉平均面积、平均产量和单位面积产量从大到小排序，平均植棉面积排在第一位的是阿瓦提县，平均产量位居首位的是沙湾县，平均单位面积产量位居首位的是尉犁县，同时新疆各个县域的棉花生产在空间布局上呈现不均衡分布。五是新疆棉花颜色级以白棉为主、棉花纤维长度大致为 28 毫米、棉花的马克隆值处于 B2 档、棉花的轧工质量和断裂比强度以及长度整齐度均处于中档；新疆棉花存在品种乱杂、一致性差、异性纤维污染、机采棉质量不高及疆棉在国内品质较高，但在国际市场依旧存在缺陷等问题；影响棉花质量的因素有自然因素、棉花市场形势、棉花产业政策、技术水平等。

第二，由新疆棉农质量认知的实证分析可知：①新疆农户质量认知的内容包括其对棉花色泽的认知、对棉花纤维长度的认知、对棉花纤维成熟情况的认知、对棉花纤维韧性的认知和对棉花长度整齐度的认知，且农户对这5方面的认知程度存在差异，整体上农户对棉花质量虽有一定了解，但对与棉花质量相关的内在指标认知不足，如农户对棉花色泽、棉花纤维长度和棉花纤维成熟情况较为了解，但对棉花纤维韧性和棉花纤维长度整齐度的认知度不高。②不同农户对棉花质量的认知不同，总体上农户对棉花质量的认知以"一般了解"为主，农户对棉花质量的了解程度由"不了解—不太了解——般了解"逐次递增，再由"比较了解—非常了解"逐次递减；农户质量认知水平以一般认知水平为主，较低认知水平的农户占比较少，同时不同地域、规模的农户对棉花质量认知存在差异。③农户的植棉偏好、农户对棉花质量的了解程度、农户所在家庭是否有电脑、农户所在地区是否有农业技术服务人员、是否有农业生产合作社、是否参与"棉农＋企业"型棉花生产组织模式、是否参与"棉农＋合作社＋企业"型棉花生产组织模式和家庭社会关系变量显著影响农户的质量认知，而农户年龄、是否为党员、农户对棉花质量指标的熟知情况、农户关注的棉花质量内容、是否有电视、棉花生产交流变量对农户的质量认知影响不显著。

第三，由新疆农户质量认知对其棉花生产行为感知影响的实证分析可知：总体上农户质量认知对其政策环境感知有显著正向影响，政策环境感知与其棉田环境感知呈正相关关系，棉田环境感知对农户的棉花生产行为产生直接影响，而质量认知、政策环境感知对其棉花生产行为的影响不显著。具体可归纳为：①农户质量认知、政策环境感知与棉田环境感知之间关系密切，表现在农户质量认知促进了其政策环境感知水平的提升，政策环境感知增强了农户的棉田环境感知度。农户的棉田环境感知与其棉花生产行为感知之间存在正相关关系，农户的棉田环境感知程度越高其改变棉花生产行为的可能性越大。②农户对棉花纤维长度的认知较大程度影响了其政策环境感知，农户感知建立棉花生产保护区的政策对其棉田环境感知影响突出。③农户感知棉田的盐碱化程度对棉花质量的影响是其产生棉花生产行为的关键。

第四，通过分析农户质量认知对其棉花生产技术采纳的影响可知：①新疆农户对各类棉花生产技术较为熟知，不熟知各类技术的农户占比较少。大部分棉农认为各项棉花生产技术对棉花质量有很大影响，少部分农户认为各类技术对棉花质量无影响。农户采用各项棉花生产技术的占比达54％以上，未采用各类棉花生产技术的农户占比较小。②总体上采用各项技术的农户对棉花质量的认知程度与未采用各项技术农户的质量认知程度差异较大，且不同质量认知水平下，棉农对各类棉花生产技术采用与未采用有一定差异。就采用各项技术的农户而言，农户对棉花质量的认知以"一般了解"为主，"不了解""非常了解"的占比均较小。③由构建的农户棉花生产技术采纳结构方程模型可知：技术培训与农户认知、农户认知与其棉花生产技术采纳之间均呈正相关关系，而技术培训对农户棉花生产技术采纳的影响不显著。同时棉花纤维长度、棉花色泽、棉花纤维成熟情况、棉花纤维韧性、棉花纤维长度整齐度变量与棉田环境之间的标准化路径系数依次减小；农户对棉花病虫害防治技术的认知、棉花科学施肥技术的认知、棉花节水灌溉技术的认知、棉花农药安全使用技术的认知对其技术认知的影响依次减弱；棉花质量技术培训次数和是否开展棉花质量技术培训对农户技术培训的影响也逐渐降低；各类技术变量，如节水灌溉、病虫害防治、农药安全使用和科学施肥技术变量对农户的棉花生产技术采纳行为影响逐渐减弱。

第五，通过分析农户质量认知对其棉花生产组织模式选择的影响可以得到以下结论：①新疆棉区的棉花生产组织模式可划分为"棉农＋市场"型模式、"棉农＋企业"型模式、"棉农＋合作社＋企业"型模式和其他类型模式，其中农户大多参与"棉农＋市场"型棉花生产组织模式，而"棉农＋合作社＋企业＋服务组织"型模式是未来较有发展潜力的组织模式。不同棉区、规模、植棉偏好和质量认知的农户选择参与的棉花生产组织模式存在差异，农户对各类组织模式的评价主要以"满意"为主，"很满意"和"不满意"的比重较低。②农户特征、政策认知是影响其选择棉花生产组织模式的内在驱动因素，组织化程度和农业社会化服务供给作为外在驱动因素同样影响着农户的选择，而农户质量认知中仅农户对棉花纤维长度整齐度的认知对其选择棉花生产组织模式影响较大。以农户选择"棉农＋市场"型棉花生产组织模式为参照，影响农户选择"棉农＋企业"型棉花生产组织模式的主要因素有棉农是否从事农业生产活动、农户所在棉区、棉农对棉花目标价格政策的认知、棉农是否参与土地流转、棉农是否参与合作社和棉农每年接受的技术服务次数变量，而家庭劳动力数量、农户所在棉区、农户对棉花纤维长度整齐度的认知、对棉花纤维质量评价方法的认知、对棉花目标价格政策的认知、是否参与土地流转、是否参与合作社、是否有农业合作社、是否有农业信息服务协会及每年接受技术服务次数变量是影响其选择"棉农＋合作社＋企业"型棉花生产组织模式的关键因素。

结合当前国家政策形势、棉花产业的发展现状及新疆的区位优势，本书认为棉花的生产需要努力适应现代农业的发展要求，为突破棉花质量不高的瓶颈约束，实现棉花品质的提升、棉花产量的提高、棉农收入的增加，建议采取以下几方面措施：一是建立质量导向机制，实行"质量兴棉"。具体包括：全面实行质量兴棉战略；构建以质量为标准的法律政策监管体系；统一棉花质量评定标准，探索棉花补贴新模式；加强农资市场监管，稳定农资市场。二是引导新疆棉农进行规模化生产。主要从构建新型棉花生产组织模式、全面实行土地流转、提高棉花生产的规模化程度和建立专业一体化的为棉服务体系四个层面落实。三是培育高素质棉农，科学管理棉田。主要包括：加速高素质棉农培训进程，增强农户技术认知；创新新旧媒体融合方式，提升农户质量认知；实行棉田差异化管理，营造良好的植棉环境；规范棉农的农资购买行为，形成良好的农资购买氛围。

二、研究展望

本书是对农户质量认知与其棉花生产行为的初步研究，书中还存在不足之处，同时为继续深入探究，可做以下两方面的完善。

一是，研究样本的补充与完善。对于研究中样本数据分布不均衡的问题，后续研究可以逐步扩大调研区域，具体可以通过延长调研时间、增加调研人力和资金的投入，在现有调研的基础上，增加对南疆主要植棉县域的调查，以均衡南疆与北疆的调研县域数量，对南疆、北疆棉农的质量认知差异进行深入研究。同时在部分研究中由于样本的有限性使得部分问题的研究较为缺乏证据，在模型分析过程中影响了模型最终的结果，因此，可适当扩充样本数量，以保障样本的整体有效性。

二是，丰富研究内容和研究视角。鉴于本书是基于农户视角探究质量认知对农户棉花生产行为的影响，研究中较缺乏宏观因素分析，后续研究可适当补充自然因素、政策因素等对农户棉花生产行为的影响，将其他因素与微观主体认知、生产行为等相结合进行深入研究。同时本书基于调查样本全面性考虑，将实地调研过程中的样本作为整体展开研究，未对农户个体进行细分，但实质上近年来伴随新型农业经营主体的出现，棉花生产方式有较大转变，后续研究可对农户进行分类，探讨不同经营主体质量认知差异对其棉花生产行为的影响，以丰富现有研究。

参 考 文 献

[1] 崔巍平，何伦志，张岩岗．世界棉花生产、进出口和消费对中国棉花生产的实证分析 [J]．世界农业，2014 (5)：106-110，215-216.

[2] SANKAR A S. Trends in Cotton Crop in Three Regions of Andhra Pradesh and All-India [J]．Paripex-Indian Journal Of Research，2013，2 (2)：64-65.

[3] TIAN L W，ZHANG N，WANG ZH Y. Analysis of Uzbekistan Cotton Industry Situation [J]．Journal of Anhui Agricultural Sciences，2017.

[4] MACDONALD S. Economic Policy and Cotton in Uzbekistan [J]．MPRA Paper，2012.

[5] 魏敬周，刘维忠．世界棉花贸易新格局下的中国棉花产业发展 [J]．对外经贸实务，2014 (5)：24-27.

[6] 谭砚文，李崇光，温思美，等．世界棉花生产及贸易格局 [J]．世界农业，2004 (11)：4-6，28.

[7] 杜珉．中国棉花生产制约因素与发展前景分析 [J]．世界农业，2017 (11)：223-226.

[8] 杨莲娜，田秀华．国际棉花生产及贸易格局分析 [J]．中国棉花加工，2014 (1)：34-38.

[9] 闫庆华，刘维忠，秦子．世界棉花格局变化及对中国棉花发展的启示 [J]．农业经济，2017 (11)：119-121.

[10] 王桂峰，魏学文，刘明云，等．良好棉花倡议 (BCI) 对棉花供给侧结构性改革的启示：基于山东滨州国际良好棉花项目的实证分析 [J]．中国棉花，2017，44 (5)：4-9.

[11] 张永山，黄群，谢兴峰，等．澳大利亚棉花生产情况考察 [J]．中国棉花，2016，43 (12)：7-10，23.

[12] 李雪源，王俊铎，郑巨云，等．澳大利亚棉花产业考察报告 [J]．中国棉花，2016，43 (9)：1-9，40.

[13] 张琼，王芳，王钊英，等．澳大利亚棉花、小麦生产和研究概况 [J]．世界农业，2013 (10)：52-54.

[14] 田立文，林涛，田聪华，等．巴西棉区自然资源及棉花发展现状与历史回顾分析 [J]．世界农业，2016 (11)：128-135.

[15] 田俊兰，蔡派，刘孝峰，等．赴澳大利亚棉业考察报告 Ⅱ 环保、技术政策支持与棉花产业组织 [J]．中国棉花，2005，32 (8)：2-3.

[16] KUMAR M，SHEKHAR C，HASIJA R C. Trend Analysis of Cotton Crop in Gujarat [J]．Annals of Agri Bio Research，2015，20 (1)：75-77.

[17] SUNDAR R M. , PALANIVEL M. Application of Regression Models for Area, Production and Productivity Growth Trends of Cotton Crop in India [J]. International Journal of Statistical Distributions and Applications, 2018, 4 (1): 1 - 5.

[18] ALTENBUCHNER C, VOGEL S, LARCHER M. Social, economic and environmental impacts of organic cotton production on the livelihood of smallholder farmers in Odisha, India [J]. Renewable Agriculture & Food Systems, 2017: 1 - 13.

[19] ALTENBUCHNER C, LARCHER M, VOGEL S. The impact of organic cotton cultivation on the livelihood of smallholder farmers in Meatu district, Tanzania [J]. Renewable Agriculture & Food Systems, 2016, 31 (1): 22 - 36.

[20] HOSMATH J A, BIRADAR D P, PATIL V C, et al. A survey analysis on advantages and constraints of Bt cotton cultivation in northern Karnataka [J]. Journal of guang-dong communications polytechni, 2012, 13 (5): 357 - 378.

[21] 谭砚文, 潘苏, 奥克兰, 等. 印度的棉花产业 [J]. 世界农业, 2007 (8): 52 - 55.

[22] PARMAR R S, RAJARATHINAM A, PATEL H K, et al. Statistical Modeling on Area, Production and Productivity of Cotton (Gossypium spp.) Crop for Ahmedabad Region of Gujarat State [J]. Journal of Pure & Applied Microbiology, 2016, 10 (1): 751 - 759.

[23] SHREEDEVI B C, PATIL N A, NAIK S. An economic analysis of augmentational trends in production and productivity in Karnataka: A case of cotton [J]. Agricultural Research Communication Centre, 2017, 37 (4): 306 - 309.

[24] 王庆华. 巴基斯坦植棉业 [J]. 世界农业, 1995 (8): 16 - 18.

[25] 康麟书, 冯本兰. 巴基斯坦植棉业近况 [J]. 中国棉花, 1988 (1): 10.

[26] 杨子山. 2002/2003 年度以来巴基斯坦棉业概况及科研进展: 2012 年 ICAC 第 71 次大会报告 [J]. 中国棉花, 2012, 39 (12): 38 - 39.

[27] NADEEM A H, NAZIM M, HASHIM M, et al. Factors Which Affect the Sustainable Production of Cotton in Pakistan: A Detailed Case Study from Bahawalpur District [J]. Lecture Notes in Electrical Engineering, 2014, 241 (11): 745 - 753.

[28] 王坤波, 香墨, 香云, 等. 巴西棉花考察报告 [J]. 中国棉花, 2007, 34 (5): 8 - 12.

[29] DJANIBEKOV U, FINGER R. Agricultural risks and farm land consolidation process in transition countries: The case of cotton production in Uzbekistan [J]. Agricultural Systems, 2018, 164: 223 - 235.

[30] MASINGI G. Performance of cotton smallholder farmers under contract farming in Bariadi district [D]. Tanzania: Sokoine University of Agriculture, 2015: 2 - 3.

[31] COULIBALY J, SANDERS J, PRECKEL P, et al. Cotton Price Policy and New Cereal Technology in the Malian Cotton Zone [C] //2011 Annual Meeting, July 24 - 26, 2011, Pittsburgh, Pennsylvania. Agricultural and Applied Economics Association, 2011.

[32] DEMBELE B, HILLARY K B, KARIUKI I M, et al. Factors influencing crop diversification strategies among smallholder farmers in cotton production zone in Mali [J]. Advances in Agricultural Science, 2018, 6 (3): 1 - 16.

[33] 喻树迅. 我国棉花生产现状与发展趋势 [J]. 中国工程科学, 2013, 15 (4): 9 - 13.

[34] 张杰, 王力, 赵新民. 我国棉花产业的困境与出路 [J]. 农业经济问题, 2014, 35 (9): 28 - 34, 110.

[35] 魏守军, 唐淑荣, 匡猛, 等. 棉花产品质量安全与风险评估研究进展 [J]. 棉花学报, 2017, 29 (S1): 89 - 99.

[36] 谢德意. 我国棉花品质的现状与对策 [J]. 河南农业科学, 2000 (6): 15 - 17.

[37] 王力, 韩亚丽. 基于主成分分析的新疆棉花种植面积变动及驱动力 [J]. 江苏农业科学, 2017, 45 (1): 267 - 270.

[38] 王力, 张杰, 赵新民, 等. 新疆棉花产业发展面临的困境与对策研究 [J]. 新疆农垦经济, 2012 (11): 9 - 13.

[39] 张鹏忠, 王新江, 托乎提. 新疆棉花产业发展现状、存在问题及对策建议 [J]. 新疆农业科学, 2008 (S2): 174 - 176.

[40] LIU G, YANG Y R, WANG M K, et al. Comprehensive Characterization Model of Integrated Cotton Fiber Quality Index [J]. Journal of Donghua University (English Edition), 2011, 28 (4): 379 - 383.

[41] WILLIFORD J R. Influence of Harvest Factors on Cotton Yield and Quality [J]. Transactions of the Asae, 1992, 35 (4): 1103 - 1107.

[42] 程广燕, 钱静斐, 王东阳. 我国棉花产业发展现状及支持政策分析 [J]. 农业经济, 2015 (5): 3 - 5.

[43] 喻树迅, 张雷, 冯文娟. 快乐植棉: 中国棉花生产的发展方向 [J]. 棉花学报, 2015, 27 (3): 283 - 290.

[44] 杨红旗, 崔卫国. 我国棉花产业形势分析与发展策略 [J]. 作物杂志, 2010 (5): 13 - 17.

[45] 杨伟华, 熊宗伟, 唐淑荣, 等. 从不同领域棉花品质差异谈实行区划种植的必要性 [J]. 中国棉花, 2002 (4): 2 - 6.

[46] 刘玉春, 彭杰. 提升棉花质量, 推进常德棉花供给侧改革 [J]. 作物研究, 2016, 30 (6): 641 - 642.

[47] 高志刚. 加入WTO后新疆棉花生产可持续发展探讨 [J]. 干旱地区农业研究, 2003 (4): 158 - 161.

[48] 孔庆平. 制约新疆棉花生产发展的关键因素分析与应对策略探讨 [J]. 新疆农业科学, 2010, 47 (S2): 3 - 5.

[49] 方言. 充分发挥新疆棉花基地的战略作用打造现代棉花产业 [J]. 宏观经济管理, 2011 (2): 25 - 27.

[50] 倪天麒, 涂尔逊, 曾静. 新疆棉花生产的适度规模及其调控对策 [J]. 干旱区地理,

2000（2）：143 - 148.

[51] 李国锋，王莉，肖远淑．基于主成分聚类分析评价棉花品质的研究 [J]．现代纺织技术，2016，24（1）：5 - 8，36.

[52] 蒋逸民．中国棉花产业国际竞争力形成机理研究 [D]．南京：南京农业大学，2008：19 - 20.

[53] COX A B. Relation of the Price and Quality of Cotton [J]．Journal of Farm Economics，1929，11（4）：542 - 549.

[54] BRADOW J M，DAVIDONIS G H. Effects of Environment on Fiber Quality [M]．Springer Netherlands，2010.

[55] SUI R X，PARNELL C B，GE Y F，et al. Spatial variation of fiber quality and associated loan rate in a dryland cotton field [J]．Precision Agriculture，2008，9（4）：181 - 194.

[56] United States. The classification of cotton [M]．U. S. Govt. Print. Off，1956.

[57] 马富裕，朱艳，曹卫星，等．棉纤维品质指标形成的动态模拟 [J]．作物学报，2006，32（3）：442 - 448.

[58] RAPER T B，SNIDER J L，DODDS D M，et al. Genetic and Environmental Contributions to Cotton Yield and Fiber Quality in the Mid - South [J]．Crop Science，2019，59（1）：307.

[59] 孔杰，宁新民，朱家辉，等．2006—2013 年新疆棉花纤维品质变化分析 [J]．新疆农业科学，2015，52（7）：1188 - 1194.

[60] 王朝晖．影响棉花品质的因素及预防措施 [J]．中国种业，2005（4）：42 - 49.

[61] RON S. Management decisions play a key role in work toward maintaining cotton quality [J]．Southwest farm press，2005（1）．

[62] 雷军，勾玲，张旺锋．应对入世挑战 提高新疆棉花品质 [J]．农业现代化研究，2002（5）：340 - 343.

[63] LEITGEB D J，WAKEHAM H. Cotton Quality and Fiber Properties：Part V：Effects of Fiber Fineness [J]．Textile Research Journal，1956，26（7）：543 - 552.

[64] 蒋梅．新疆尉犁县棉花供给侧结构性改革的实践 [J]．中国棉花，2017，（7）：43 - 46.

[65] 罗必良，汪沙，李尚蒲．交易费用、农户认知与农地流转：来自广东省的农户问卷调查 [J]．农业技术经济，2012（1）：11 - 21.

[66] 黄晓慧，王礼力，陆迁．农户认知、政府支持与农户水土保持技术采用行为研究：基于黄土高原 1152 户农户的调查研究 [J]．干旱区资源与环境，2019，33（3）：21 - 25.

[67] 赵向豪，陈彤，姚娟．认知视角下农户安全农产品生产意愿的形成机理及实证检验：基于计划行为理论的分析框架 [J]．农村经济，2018（11）：23 - 29.

[68] 刘洪彬，王秋兵，吴岩，等．耕地质量保护中农户的认知程度、行为决策响应及其影响机制研究 [J]．中国土地科学，2018，32（8）：52 - 58.

[69] 甘臣林，谭永海，陈璐，等．基于 TPB 框架的农户认知对农地转出意愿的影响 [J]．

中国人口·资源与环境，2018，28（5）：152-159.

[70] 刘爱军，翟亮亮，王文彬. 基于养殖户认知的畜产品质量安全管理研究：以盐城市养猪业为例[J]. 中国畜牧杂志，2015，51（12）：30-34.

[71] 胡燕，盛开，郑旭媛. 茶叶供应者质量安全认知与行为分析：基于浙江500位茶叶供应者的问卷调查[J]. 统计与信息论坛，2016，31（12）：95-101.

[72] 吴强，沙鸣，张园园，等. 奶农质量控制认知与行为分析：基于10省（自治区）奶农的调查[J]. 农业现代化研究，2018，39（2）：265-274.

[73] 刘瑞峰. 消费者对新疆特色农产品质量安全认知和购买的地区差异性分析[J]. 地域研究与开发，2013，32（4）：144-149.

[74] 李志德. 消费者的产品质量认知与消费行为："市场分层"假说及其实证检验[J]. 商业经济研究，2015（2）：54-56.

[75] 江激宇，柯木飞，张士云，等. 农户蔬菜质量安全控制意愿的影响因素分析：基于河北省藁城市151份农户的调查[J]. 农业技术经济，2012（5）：35-42.

[76] 秦宏，叶川川. 农户安全农产品生产意愿影响因素研究：基于湖南省水稻农户调查数据分析[J]. 东岳论丛，2017，38（7）：127-136.

[77] 王洪丽，杨印生. 农产品质量与小农户生产行为：基于吉林省293户稻农的实证分析[J]. 社会科学战线，2016（6）：64-69.

[78] 代云云，徐翔. 农户蔬菜质量安全控制行为及其影响因素实证研究：基于农户对政府、市场及组织质量安全监管影响认知的视角[J]. 南京农业大学学报（社会科学版），2012，12（3）：48-53，59.

[79] 张婷. 农户绿色蔬菜生产行为影响因素分析：以四川省512户绿色蔬菜生产农户为例[J]. 统计与信息论坛，2012，27（12）：88-95.

[80] 王洪丽，杨印生，舒坤良. 多重规制下小农户质量安全生产行为的重塑：以吉林省水稻种植农户为例[J]. 税务与经济，2018（3）：61-67.

[81] 王建华，马玉婷，刘苗. 农户农产品安全生产意愿的主要影响因素分析[J]. 西北农林科技大学学报（社会科学版），2015，15（1）：78-85.

[82] HRUSKA A J, CORRIOLS M. The Impact of Training in Integrated Pest Management among Nicaraguan Maize Farmers: Increased Net Returns and Reduced Health Risk [J]. International Journal of Occupational & Environmental Health, 2002, 8 (3).

[83] 程杰贤，郑少锋. 政府规制对农户生产行为的影响：基于区域品牌农产品质量安全视角[J]. 西北农林科技大学学报（社会科学版），2018，18（2）：115-122.

[84] 陈丽华，张卫国，田逸飘. 农户参与农产品质量安全可追溯体系的行为决策研究：基于重庆市214个蔬菜种植农户的调查数据[J]. 农村经济，2016（10）：106-113.

[85] 王可山，王芳. 质量安全保障体系对农户安全农产品生产行为影响的实证研究[J]. 农业经济，2010（10）：69-71.

[86] 韩耀. 中国农户生产行为研究[J]. 经济纵横，1995（5）：29-33.

[87] 叶依广，李广存. 引导与优化农户经济行为促进可持续农业发展 [J]. 经济问题，1997 (2)：26 - 29.

[88] 陶善信，李丽. 农产品质量安全标准对农户生产行为的规制效果分析：基于市场均衡的视角 [J]. 农村经济，2016 (2)：8 - 13.

[89] 郝利，任爱胜，冯忠泽，等. 农产品质量安全农户认知分析 [J]. 农业技术经济，2008 (6)：30 - 35.

[90] 赵建欣，张忠根. 农户安全农产品生产决策影响因素分析 [J]. 统计研究，2007 (11)：90 - 92.

[91] 卫龙宝，王恒彦. 安全果蔬生产者的生产行为分析：对浙江省嘉兴市无公害生产基地的实证研究 [J]. 农业技术经济，2005 (6)：4 - 11.

[92] 赵佳佳，刘天军，魏娟. 风险态度影响苹果安全生产行为吗：基于苹果主产区的农户实验数据 [J]. 农业技术经济，2017 (4)：95 - 105.

[93] 马小勇，金涛. 农户收入风险与生产行为：一个文献综述 [J]. 贵州社会科学，2012 (3)：59 - 63.

[94] 董鸿鹏，吕杰. 农业信息化对农户行为作用机制的研究综述 [J]. 农业经济，2012 (11)：104 - 105.

[95] 徐斌，孙蓉. 粮食安全背景下农业保险对农户生产行为的影响效应：基于粮食主产区微观数据的实证研究 [J]. 财经科学，2016 (6)：97 - 111.

[96] 宗国富，周文杰. 农业保险对农户生产行为影响研究 [J]. 保险研究，2014 (4)：23 - 30.

[97] 赵伟峰，张昆，王海涛. 合作经济组织对农户安全生产行为的影响效应：基于皖、苏养猪户调查数据的实证分析 [J]. 华东经济管理，2016，30 (6)：118 - 122.

[98] 张林秀，徐晓明. 农户生产在不同政策环境下行为研究：农户系统模型的应用 [J]. 农业技术经济，1996 (4)：27 - 32.

[99] SHARIFZADEH M S，ABDOLLAHZADEH G，DAMALAS C A，et al. Determinants of pesticide safety behavior among Iranian rice farmers [J]. Science of The Total Environment，2019，651：2953 - 2960.

[100] LI L，GUO H D. The impact of business relationships on safe production behavior by farmers：Evidence from China [J]. Agribusiness，2018.

[101] 李谷成，郭伦，周晓时. 劳动力老龄化对农户作物新品种技术采纳行为的影响研究：以油菜新品种技术为例 [J]. 农林经济管理学报，2018，17 (6)：641 - 649.

[102] 姚科艳，陈利根，刘珍珍. 农户禀赋、政策因素及作物类型对秸秆还田技术采纳决策的影响 [J]. 农业技术经济，2018 (12)：64 - 75.

[103] 李紫娟，孙剑，陈桃. 农户绿色防控技术采纳行为影响因素：基于湖北省 265 户柑橘种植户调查数据的分析 [J]. 科技管理研究，2018，38 (21)：249 - 254.

[104] 耿宇宁，郑少锋，刘婧. 农户绿色防控技术采纳的经济效应与环境效应评价：基于陕西省猕猴桃主产区的调查 [J]. 科技管理研究，2018，38 (2)：245 - 251.

[105] 冯燕，吴金芳．合作社组织、种植规模与农户测土配方施肥技术采纳行为：基于太湖、巢湖流域水稻种植户的调查 [J]．南京工业大学学报（社会科学版），2018，17（6）：28-37.

[106] 谢文宝，陈彤，刘国勇．乡村振兴背景下农户耕地质量保护技术采纳差异分析 [J]．改革，2018（11）：117-129.

[107] 王海．农户信贷对盐碱地治理技术采纳行为影响的区域差异性分析：以垦利、镇赉和察布查尔3县468农户为例 [J]．西南大学学报（自然科学版），2018，40（1）：126-134.

[108] 钟甫宁，胡雪梅．中国棉农棉花播种面积决策的经济学分析 [J]．中国农村经济，2008（6）：39-45.

[109] 张梦醒，宋玉兰，杨新．棉花目标价格下新疆棉农种植意愿分析 [J]．棉花科学，2016，38（5）：32-38.

[110] 黄玛兰，李晓云，袁梦烨，等．农户种植决策感知与行为决策差异分析：基于江汉平原的实证研究 [J]．农业现代化研究，2016，37（5）：892-901.

[111] 王平，陈新平，田长彦，等．新疆南部地区棉花施肥现状及评价 [J]．干旱区研究，2005（2）：264-269.

[112] 吐尔逊，托乎提，尤力瓦斯．棉区农户过量施肥风险认知的影响因素分析：基于新疆446个棉农的问卷调查 [J]．中国农业资源与区划，2016，37（4）：38-42.

[113] 颜璐，马惠兰．棉农化肥施用技术效率及影响因子分析：基于莎车县农户调查数据的实证研究 [J]．浙江大学学报（农业与生命科学版），2014，40（2）：203-209.

[114] 刘军，朱美玲，贺诚．新疆棉花节水技术灌溉用水效率与影响因素分析 [J]．干旱区资源与环境，2015，29（2）：115-119.

[115] 宁满秀，苗齐，邢鹂，等．农户对农业保险支付意愿的实证分析：以新疆玛纳斯河流域为例 [J]．中国农村经济，2006（6）：43-51.

[116] 宁满秀，邢鹂，钟甫宁．影响农户购买农业保险决策因素的实证分析：以新疆玛纳斯河流域为例 [J]．农业经济问题，2005（6）：38-44，79.

[117] 王力，陈前，陈兵．棉花目标价格补贴政策与农户种植行为选择：基于新疆棉区的调研 [J]．价格月刊，2017，（11）：29-34.

[118] 钟甫宁，宁满秀，邢鹂，等．农业保险与农用化学品施用关系研究：对新疆玛纳斯河流域农户的经验分析 [J]．经济学（季刊），2007（1）：291-308.

[119] 马琼，王雅鹏．新疆棉花生产的外部环境成本评估 [J]．干旱区资源与环境，2015，29（6）：63-68.

[120] 米建伟，黄季焜，陈瑞剑，Elaine M L．风险规避与中国棉农的农药施用行为 [J]．中国农村经济，2012，（7）：60-71，83.

[121] 马瑛．基于农户行为的新疆南疆棉农生产与土地退化关系研究 [D]．乌鲁木齐：新疆农业大学，2011.

[122] 侯林岐，张杰，翟雪玲. 社会规范、生态认知与农户地膜回收行为研究：来自新疆 1056 户棉农调研问卷 [J]. 干旱区资源与环境，2019，33 (12)：54 - 59.

[123] 王彦发，马琼. 新疆棉农残膜回收行为影响因素及实证研究：基于棉农的调研数据 [J]. 中国农业资源与区划，2019，40 (1)：53 - 59.

[124] 马瑛. 新疆棉花生产性废弃物处理方式的影响因素分析 [J]. 中国农业资源与区划，2016，37 (1)：23 - 29.

[125] ZULFIQAR F, ULLAH R, ABID M, et al. Cotton production under risk：a simultaneous adoption of risk coping tools [J]. Natural Hazards，2016，84 (2)：959 - 974.

[126] 姚升. 内地棉花目标价格补贴政策与棉农生产决策行为：基于安徽省微观数据的经验 [J]. 山西农业大学学报 (社会科学版)，2017，16 (9)：36 - 42.

[127] 闫志明，蒲春玲，胡赛，等. 基于新疆南部地区实证的棉农生产行为影响因素分析 [J]. 中国农业资源与区划，2015，36 (6)：139 - 145.

[128] 赵鑫，李东丽，苗红萍，等. 棉花目标价格制度对南疆棉农生产行为影响研究：基于 TPB 和 SEM 的实证分析 [J]. 中国农业资源与区划，2018，39 (4)：138 - 144.

[129] BİLGİLİ M E, YILMAZ H, AKKOYUN S, et al. Factors affecting cotton production decisions of farmers：eastern mediterranean region, Turkey [J]. Scientific Papers Series Management, Economic Engineering in Agriculture and Rural Development，2018，18 (2)：41 - 49.

[130] MARTIN G. Determinants of Cotton Production Among Smallholders Farmers in Kenya The Case of Makueni County [D]. Kenya：Kenyatta University Repository，2014.

[131] 艾利思. 农民经济学：农民家庭农业和农业发展 [M]. 上海：上海人民出版社，2006：4 - 5.

[132] 舒尔茨. 改造传统农业 [M]. 北京：商务印书馆，1987：iii.

[133] 汪威毅，李在永. 建立现代农业生产经营组织模式，提高农业组织效率 [J]. 山西财经大学学报，2001 (1)：40 - 43.

[134] 叶子荣，刘鸿渊. 农业生产经营组织框架下的农民收入问题研究 [J]. 求实，2006 (9)：81 - 84.

[135] 李远东. 我国农业生产经营组织形式变革的实现途径探析 [J]. 经济经纬，2009 (5)：113 - 116.

[136] 马云峰. 农村生产组织形式创新的障碍分析 [J]. 农业经济，2008 (1)：49 - 51.

[137] 崔剑，凌江怀，李颖. 我国农业生产经营组织形式的演进和启示 [J]. 江西社会科学，2010 (8)：197 - 200.

[138] 华红娟，常向阳. 农业生产经营组织对农户食品安全生产行为影响研究：基于江苏省葡萄种植户的实证分析 [J]. 江苏社会科学，2012 (6)：90 - 96.

[139] 赵晓峰，刘威. "家庭农场，合作社"：农业生产经营组织体制的理想模式及功能 [J]. 天津行政学院学报，2014，16 (2)：80 - 86.

[140] 陈超，陈亭，翟乾乾. 不同生产组织模式下农户技术效率研究：基于江苏省桃农的调研数据 [J]. 华中农业大学学报（社会科学版），2018（1）：31-37，157-158.

[141] 李英，张越杰. 基于质量安全视角的稻米生产组织模式选择及其影响因素分析：以吉林省为例 [J]. 中国农村经济，2013（5）：68-77.

[142] 王力，陈前，刘景德，等. 中国棉花生产要素投入贡献率测算与分析：基于时变弹性生产函数法 [J]. 浙江农业学报，2017，29（11）：1938-1948.

[143] 达吾提. 沙湾县棉花机械化采收存在的问题及建议 [J]. 新疆农机化，2016，（6）：40-42.

[144] 罗付义，靳义荣. 推进山东省德州市棉花供给侧结构性改革的思考 [J]. 中国棉花，2017，（10）：41-42.

[145] 王桂峰，魏学文，王琰，等. 山东省棉花供给侧结构性改革的思考与建议 [J]. 山东农业大学学报（社会科学版），2017，19（2）：16-23.

[146] 牛娜. 山东省滨州市棉花供给侧结构性改革的实践与探索 [J]. 中国棉花，2016，43（11）：44-46.

[147] 刘玉春，彭杰. 提升棉花质量，推进常德棉花供给侧改革 [J]. 作物研究，2016，30（6）：641-642.

[148] 徐红，单小红. 棉花检验与加工 [M]. 北京：中国纺织出版社，2006.

[149] SABO E D, et al. Economic Analysis of Cotton Production in Adamawa State, Nigeria [J]. African Journal of Agricultural Research，2009，4（5）：438-444.

[150] HOEKSTRA A Y, CHAPAGAIN A K. The Water Footprint of Cotton Consumption [M] //Globalization of Water：Sharing the Planet's Freshwater Resources. Blackwell Publishing Ltd，2005.

[151] 汪若海，李秀兰. 中国棉史纪事 [M]. 北京：中国农业科学技术出版社，2007.

[152] 刘萍. 棉花的品质与过程控制可拓模型研究 [J]. 中国质量技术监督，2016（9）：56-57.

[153] 安海燕. 农户土地经营权抵押贷款认知及对其参与意愿和申请行为的影响研究 [D]. 杭州：浙江大学，2017：18-20.

[154] NEISSER U. Cognitive psychology [M]. New York：Appleton - Century - Crofts，1967.

[155] NEISSER U. Cognitive Psychology.（Book Reviews：Cognition and Reality. Principles and Implications of Cognitive Psychology）[J]. Science，1977，198：816-817.

[156] 薛求知，黄佩燕，鲁直，等. 行为经济学：理论与应用 [M]. 上海，复旦大学出版社，2003：15-16.

[157] 宋洪远. 经济体制与农户行为：一个理论分析框架及其对中国农户问题的应用研究 [J]. 经济研究，1994（8）：22-28，35.

[158] 刘凤义. 西方经济学与马克思主义经济学关于生产理论的比较：一个方法论的视角

[J]. 经济经纬，2007 (3)：6 - 9.

[159] 陈潜. 福建省农户毛竹生产效率研究 [D]. 福州：福建农林大学，2015：24 - 25.

[160] 罗丽艳. 生产理论的演变与科学发展观 [J]. 江西财经大学学报，2004 (5)：24 - 27.

[161] BANDURA A. Social Foundations of Thought and Action：A Social Cognitive Theory [J]. Englewood Cliffs, NJ：Prentice Hall. 1986.

[162] 姚增福. 黑龙江省种粮大户经营行为研究 [D]. 杨凌示范区：西北农林科技大学，2011：18 - 19.

[163] 朱镇，赵晶. 企业电子商务采纳的战略决策行为：基于社会认知理论的研究 [J]. 南开管理评论，2011，14 (3)：151 - 160.

[164] 金辉. 个体认知、社会影响与教育博客知识共享：基于社会认知理论 [J]. 远程教育杂志，2015，33 (5)：80 - 87.

[165] 周业安. 行为经济学：引领经济学的未来？[J]. 南方经济，2018 (2)：1 - 11.

[166] 胡豹. 农业结构调整中农户决策行为研究 [D]. 杭州：浙江大学，2004.

[167] 张林秀，徐晓明. 农户生产在不同政策环境下行为研究：农户系统模型的应用 [J]. 农业技术经济，1996 (4)：27 - 32.

[168] 高明，徐天祥，欧阳天治. 农户行为的逻辑及其政策含义分析 [J]. 思想战线，2013，39 (1)：147 - 148.

[169] 徐榕阳，马琼. 基于随机前沿生产函数的新疆棉花生产技术效率分析：以棉农问卷调查数据为例 [J]. 干旱区资源与环境，2017，31 (4)：22 - 27.

[170] 朱会义. 1980 年以来中国棉花生产向新疆集中的主要原因 [J]. 地理研究，2013，32 (4)：744 - 754.

[171] 马惠兰. 我国棉花生产比较优势与出口竞争力的区域差异分析 [J]. 国际贸易问题，2007 (7)：61 - 65.

[172] 李红，周曙东. 新疆棉花生产的市场竞争优势分析 [J]. 农业技术经济，2007 (3)：96 - 101.

[173] HUA S S, ZHEN S X, GUO Z Z, et al. Temperature Effects on Fibre Quality of Cotton [J]. Acta Agriculturae Boreall - sinica, 2000.

[174] BAKER D N. Microclimate in the Field [J]. Transactions of The American Society of Agricultural Engineering (ASAE), 1966, 9：67 - 84.

[175] 熊宗伟，王雪姣，顾生浩，等. 中国主产棉区气象因子和纤维品质的相关性研究 [J]. 棉花学报，2014，26 (2)：95 - 104.

[176] 徐培秀，张运生，王岚. 新疆棉花基地布局研究 [J]. 地理学报，1990 (1)：31 - 40.

[177] 玛衣拉·吐尔逊，阿斯亚·托乎提，甫祺娜依·尤力瓦斯. 气候变暖对渭干河：库车河三角洲绿洲棉花生产的影响 [J]. 地理研究，2014，33 (2)：251 - 259.

[178] 卢秀茹，贾肖月，牛佳慧. 中国棉花产业发展现状及展望 [J]. 中国农业科学，2018，51 (1)：26 - 36.

[179] LARSEN M N. Quality standard – setting in the global cotton chain and cotton sector reforms in Sub – Saharan Africa [M]. Copenhagen：CDR，2003.

[180] 赵新民，张杰，王力. 兵团机采棉发展：现状、问题与对策 [J]. 农业经济问题，2013，34（3）：87 – 94.

[181] 李群华，孙勇，丁盛. 新疆生产建设兵团机采棉加工业的发展浅议 [J]. 棉纺织技术，2016，44（10）：16 – 18.

[182] COLIN P. Competition and Coordination in Liberalized African Cotton Market Systems [J]. World Development，2003，32（3）.

[183] YONG B，SHENG Y，GUO S W. The Effect of the Industrial Chain of Cotton on the Subsidy Policy of the Target Price of Cotton [J]. Journal of shenyang agricultural university（social sciences edition），2018.

[184] 王新江，丁纪文. 生产环节对棉花质量的影响因素分析 [J]. 中国棉花加工，2017（5）：8 – 9.

[185] 蒋逸民，王凯. 基于产业链的棉花质量问题探讨 [J]. 中国棉花，2008（8）：5 – 8.

[186] GLADE E H，COLLINS K J，ROGERS C D. Cotton Quality Evaluation：Testing Methods and Use [M]. Washington D C：U. S. Dept. of Agriculture，Economic Research Service，1981.

[187] ZHAO D，OOSTERHUIS D. Cotton Responses to shade at different growth stages：growth，lint yield and fibre quality [J]. Experimental Agriculture，2000，36（1）：27 – 39.

[188] 蒲娟，余国新. 新形势下农业社会化服务效果评价：基于新疆不同种植规模农户的研究 [J]. 调研世界，2016（3）：16 – 21.

[189] 孔祥智，方松海，庞晓鹏，等. 西部地区农户禀赋对农业技术采纳的影响分析 [J]. 经济研究，2004（12）：85 – 95，122.

[190] 卫龙宝，凌玲，阮建青. 村庄特征对村民参与农村公共产品供给的影响研究：基于集体行动理论 [J]. 农业经济问题，2011，32（5）：48 – 53，111.

[191] 唐立强，周静. 社会资本、就业身份与农村居民非农收入：基于 CGSS2013 调查数据的实证分析 [J]. 农村经济，2017（5）：109 – 115.

[192] 罗倩文. 我国农民合作经济组织内部合作行为及激励机制研究 [D]. 重庆：西南大学，2009：6 – 9.

[193] 刘震，吴广，丁维岱，等. Spss 统计分析与应用 [M]. 北京：电子工业出版社，2011：181 – 182.

[194] 秦丹. 社会认知理论视角下网络学习空间知识共享影响因素的实证研究 [J]. 现代远程教育研究，2016（6）：74 – 81.

[195] 班杜拉. 思想和行动的社会基础：社会认知论 [M]. 林颖，译. 上海市：华东师范大学出版社，2001：32 – 36.

[196] 陈冬宇. 基于社会认知理论的 P2P 网络放贷交易信任研究 [J]. 南开管理评论，
    2014，17 (3)：40 - 48，73.

[197] SAUER U，FISCHER A. Willingness to pay，attitudes and fundamental values：On
    the cognitive context of public preferences for diversity in agricultural landscapes [J].
    Ecological Economics，2010，(1) .

[198] 邝佛缘，陈美球，李志朋，等. 农户生态环境认知与保护行为的差异分析：以农药
    化肥使用为例 [J]. 水土保持研究，2018，25 (1)：321 - 326.

[199] 江洁，萨日娜，宋立中. 乡村振兴背景下保险扶贫政策感知对农民创业意愿的影响
    研究 [J]. 福建论坛 (人文社会科学版)，2018 (8)：19 - 27.

[200] 潘林，郑毅. 农民对新农保政策的认知问题研究：基于安徽省四县的问卷调查 [J].
    兰州学刊，2013 (9)：198 - 202.

[201] 王常伟，顾海英. 农户环境认知、行为决策及其一致性检验：基于江苏农户调查的
    实证分析 [J]. 长江流域资源与环境，2012，21 (10)：1204 - 1208.

[202] 陈胜祥，黄祖辉. 集体所有制一定会阻碍耕地质量保护吗？基于认知视角的农户耕
    地质量保护行为研究 [J]. 青海社会科学，2013 (2)：7 - 14.

[203] 王顺然，陈英，杨润慈，等. 非市场环境感知对土地流转意愿的影响研究：以张掖
    市甘州区为例 [J]. 干旱区资源与环境，2018，32 (3)：50 - 55.

[204] 李伟，燕星池，华凡凡. 基于因子分析的农村公共品需求满意度研究 [J]. 统计与
    信息论坛，2014，29 (5)：78 - 84.

[205] 赵连杰，南灵，李晓庆，等. 环境公平感知对农户耕地利用碳减排意愿的影响研究：
    来自陕、甘、晋、皖、苏 5 省 1 023 个农户的微观调查 [J]. 干旱区资源与环境，2018，
    32 (12)：7 - 12.

[206] 周博，翟印礼，钱巍，等. 农业可持续发展视角下的我国粮食安全影响因素分析：
    基于结构方程模型的实证分析 [J]. 农村经济，2015 (11)：15 - 19.

[207] 陈海玉，郭学静，刘庚常. 基于结构方程模型的劳动者主观获得感研究 [J]. 西北
    人口，2018，39 (6)：85 - 95.

[208] 杨柳，朱玉春，任洋. 收入差异视角下农户参与小农水管护意愿分析：基于 TPB 和
    多群组 SEM 的实证研究 [J]. 农村经济，2018 (1)：97 - 104.

[209] 孟楠，罗剑朝，马婧. 农户风险意识与承担能力对农地经营权抵押贷款行为响应影
    响研究：来自宁夏平罗 732 户农户数据的经验考察 [J]. 农村经济，2016 (10)：
    74 - 80.

[210] 李后建，张宗益. 技术采纳对农业生产技术效率的影响效应分析：基于随机前沿分
    析与分位数回归分解 [J]. 统计与信息论坛，2013，28 (12)：58 - 65.

[211] 陈新建，杨重玉. 农户禀赋、风险偏好与农户新技术投入行为：基于广东水果种植
    农户的调查实证 [J]. 科技管理研究，2015，35 (17)：131 - 135.

[212] 薛宝飞，郑少锋. 农产品质量安全视阈下农户生产技术选择行为研究：以陕西省

猕猴桃种植户为例 [J]. 西北农林科技大学学报（社会科学版），2019，19（1）：104-110.

[213] 张瑶，徐涛，赵敏娟. 生态认知、生计资本与牧民草原保护意愿：基于结构方程模型的实证分析 [J]. 干旱区资源与环境，2019，33（4）：35-42.

[214] 乔丹，陆迁，徐涛. 社会网络、推广服务与农户节水灌溉技术采用：以甘肃省民勤县为例 [J]. 资源科学，2017，39（3）：441-450.

[215] 时鹏，余劲. 易地扶贫搬迁农户意愿及影响因素研究：一个基于计划行为理论的解释架构 [J]. 干旱区资源与环境，2019，33（1）：38-43.

[216] FORNELL C, LARCKER D F. Structural Equation Models with Unobservable Variables and Measurement Error: Algebra and Statistics [J]. Journal of Marketing Research，1981，18（3）：382-388.

[217] KAISER H F, RICE J. Little Jiffy, Mark Iv [J]. Journal of Educational & Psychological Measurement，1974，34（1）：111-117.

[218] 吴玲，张云峰. 我国农业生产经营组织创新的背景、目标与路径选择 [J]. 生态经济，2008（10）：120-123，127.

[219] 李尽梅，王凯. 新疆棉农参与不同组织模式的收益影响因素 [J]. 社会科学家，2017（6）：101-104.

[220] 关爱萍，刘可欣. 人力资本、家庭禀赋、就业选择与农户贫困：基于甘肃省贫困村的实证分析 [J]. 西部论坛，2019，29（1）：55-63.

[221] 夏玉莲，张园. 家庭禀赋对农民家庭收入的影响分析：基于1188户农户的实证分析 [J]. 农林经济管理学报，2018，17（4）：427-433.

[222] 徐力行. 农民和农业组织化模式的决定因素和一般规律：国际验证及对我国的启示 [J]. 财经研究，2002（11）：24-30.

[223] 潘丹，孔凡斌. 养殖户环境友好型畜禽粪便处理方式选择行为分析：以生猪养殖为例 [J]. 中国农村经济，2015（9）：17-29.

[224] 蒋军锋，殷婷婷. 行为经济学兴起对主流经济学的影响 [J]. 经济学家，2015（12）：68-78.

[225] 张延林，谢卫红，吴学雁. 基于归因理论的公众对电子政务信任的实证研究 [J]. 管理学报，2017，14（7）：1088-1094，1104.

[226] HEIDER F. The Psychology of Interpersonal Relations [M]. Hillsdale：Psychology Press，1958.

[227] JONES E E, DAVIS K E. A Theory of Correspondent Inferences：From Acts to Dispositions [J]. Advances in Experimental Social Psychology，1965，2（1）：219-266.

[228] 李玉萍，崔丙群. 基于归因理论的顾客网上重复购买意愿研究 [J]. 商业研究，2015（6）：120-125.

[229] 柴玲. 黑龙江省水稻种植户生产行为及影响因素研究 [D]. 哈尔滨：东北农业大

学，2017.

[230] 张雷，高名姿，陈东平．政策认知、确权方式与土地确权的农户满意度［J］．西部论坛，2017，27（6）：33-41.

[231] 钱忠好，冀县卿．中国农地流转现状及其政策改进：基于江苏、广西、湖北、黑龙江四省（区）调查数据的分析［J］．管理世界，2016（2）：71-81.

[232] 李英，张越杰．基于质量安全视角的稻米生产组织模式选择及其影响因素分析：以吉林省为例［J］．中国农村经济，2013（5）：68-77.

[233] 王桂荣，王慧军，张新仕，等．小麦玉米复种区域高效用水技术模式采用机理分析：基于河北平原农户调研数据［J］．农业技术经济，2017（6）：108-117.

附录 新疆棉农质量认知及 生产行为调查问卷

调查地点：____市____县____乡____村____组　　　调查时间：
村离乡镇政府：_____公里，您所在镇是否有金融机构业务网点：
①是　②否
村距离火车站_____公里；村里是否通公交汽车：①是　②否
村里是否有专职技术人员：①是　②否；村里是否有专职信息员：①是　②否

一、基本信息

1. 户主信息

性别	民族	年龄	文化程度	家庭人数（人）	劳动人口数（人）	婚姻状况（1已婚，2未婚）	是否是党员（1是；2否）	是否关注健康状况（1是；2否）	健康状况（1健康，2一般，3差）	是否务农（1是；2否）	特殊经历（编码1，单选）	家庭其他成员职业（编码2）

　编码1：1曾担任村干部；2外出打工；3司机；4退伍军人；5匠人；6小店主；7宗教人士；8无特殊经历。

　编码2：1短期务工；2为农产品经销商打工；3企业工人；4自营工商业；5村干部；6教师；7大学生；8其他。

2. 您家有耕地面积共____亩，承包土地面积____亩，有____块棉花地，棉花地离家____公里，您已种棉花____年，2017年家庭总收入_____元，棉花收入_____元，植棉每亩总成本_____元，您种植的是？①长绒棉　②陆地棉；每年有____天种棉花。

3. 2017年您的棉花种植面积及收入情况：

植棉面积（亩）	总产量（公斤）	销售量（公斤）	价格（元/公斤）	种子费（元）	农药费（元）	地膜费（元）	水费（元）	人工费（元）	机耕费（元）	采摘费（元）	化肥费用合计（元）			
											氮肥	钾肥	磷肥	其他肥

4. 下面哪项符合您家庭的实际情况（多选）？

①电话　②手机　③电视　④有电脑（可上网）　⑤订阅了报纸或杂志

⑥录音/收音机

5. 您家拥有下列哪些设备（多选）：

①农用汽车　②农药喷雾机　③播种机　④拖拉机　⑤棉花收割机

⑥秸秆粉碎机　⑦灌溉设备　⑧上述都没有

6. 您家与村里其他农户的关系如何？

①融洽　②较融洽　③不融洽

7. 您对他人的信任度如何？

①很信任　②一般信任　③不信任

8. 您与村里其他农户就棉花生产问题的交流情况？

①经常　②偶尔　③较少　④没有

9. 您家在县域范围内的社会关系（亲朋）有（多选）：

①个体运输　②在保险机构　③担任村镇领导　④从事农业技术推广

⑤在金融机构　⑥从事农产品销售　⑦在棉花加工厂

⑧是农产品经纪人　⑨以上都没有

10. 您的植棉风险偏好是：

①高投资高收益　②低投资低收益　③中投资中收益

④有时偏好高投资高收益，有时偏好低投资低收益

二、质量认知

1. 您认为棉花质量包括哪方面？

①产量　②衣分　③其他

2. 您对棉花质量了解吗？

①不了解　②不太了解　③一般了解　④比较了解　⑤非常了解

（1）您"不了解或不太了解"的原因是（选①②的回答）？

①没有关注棉花质量　②种植不需要考虑棉花质量

③植棉生产中没有关于棉花质量的界定标准

④缺乏关于棉花质量的宣传　⑤与质量相比产量更重要　⑥其他

（2）如果您"了解"，一般是从哪了解棉花质量信息（多选）（选③④⑤的

回答）？

①政府宣传　②公司企业推广　③合作社宣传

④通过电视广播及网络等了解　⑤其他

3. 您熟知的棉花质量指标有哪些？

①品级　②长度　③马克隆值　④回潮率　⑤含杂率　⑥危害性杂物

⑦短纤维率　⑧棉结　⑨等级和标准级　⑩以上都不知道

4. 您一般关注棉花质量的哪些方面？

①棉花的颜色　②棉花的长度　③棉花的马克隆值　④棉花的断裂比强度

⑤棉花的长度整齐度指数　⑥其他

5. 您是否了解下列与棉花质量相关的内容？

项目	棉种的遗传品质	棉种生产品质	棉花产后品质	棉花品级	棉花等级	施用化肥农药对棉花产后品质的影响	《棉花纤维品质评价方法》	棉花质量相关政策
是否了解 （1是；2否）								

6. 在田间，您是如何判断棉花纤维品质的（多选）？

①观察棉花的颜色　②用手梳棉花，比它的长度

③用手拉，感觉棉花的比强　④估计产量

⑤凭经验感觉棉籽的数量　⑥其他

7. 棉花纤维品质检测结果中，您知道哪些与棉花品质相关的指标（多选）？

①颜色级　②长度　③马克隆值　④断裂比强度　⑤长度整齐度指数

⑥轧工质量　⑦以上都不知道

8. 您认为下列哪些可以判断棉花产后品质（多选）？

①颜色级　②长度　③马克隆值　④断裂比强度

⑤长度整齐度指数　⑥其他

9. 您对产后品质指标的了解程度（请填写下列表格）：

项目	颜色级	长度	马克隆值	断裂比强度	长度整齐度指数
选项					

选项：①不了解　②不太了解　③一般了解　④比较了解　⑤非常了解

10. 您通过什么方式判断产后棉花纤维品质？

①凭经验观察棉花的颜色、长度和比强　②依据检测结果判断

③按棉花的使用价值确定　④其他

11. 您认为棉花质量受哪些环节影响（多选）？

①品种选择　②生产过程　③采收　④晾晒　⑤流通环节

⑥加工过程　⑦其他；影响最大的是？

12. 您认为提高棉花质量与下列哪些因素有关（多选）？

①无旱涝冰雹等自然灾害　②土地质量好　③水源充足

④良好的田间管理技术　⑤拾花工衣着服饰　⑥使用机采棉

⑦装袋运输中无杂质混入　⑧加工过程无混入杂质

13. 棉花生产与棉花质量情况：

项目	土壤深耕	优质品种选择	确定播种期和播种技术	农药化肥配比适量	农药化肥包装处理	农药化肥的使用记录	采用节水灌溉	病虫害绿色防控	棉花采摘		秸秆粉碎	废弃农膜回收
									人工采摘	机械采摘		
是否有该行为（1是；2否）												
该行为是否影响棉花质量（1是；2否）												
该行为对棉花质量的影响程度（1很大；2一般；3无影响）												

三、植棉环境

1. 您的土地肥力如何？

①很差　②差　③一般　④良好　⑤优质

2. 您通常施用____种肥料。

3. 您的土地的盐碱化程度如何？

①高　②中　③低

4. 您的灌溉方式是？

①膜下滴灌　②漫灌　③其他

5. 土地灌溉条件如何？

①很差　②差　③一般　④较好　⑤很好

6. 您的棉田有哪些问题（多选）？

①无　②缺水　③土壤板结　④地膜残留　⑤其他

7. 您的棉田最严重的问题是？

①无　②缺水　③土壤板结　④地膜残留　⑤其他

8. 为提高棉花质量，您采取了下列哪些棉田保护措施（多选）？

①无　②土地灌溉　③秸秆还田　④施农家肥　⑤平整土地　⑥其他

9. 为提高棉花质量，您采取的最主要的棉田保护措施是？

①无　②土地灌溉　③秸秆还田　④施农家肥　⑤平整土地　⑥其他

10. 棉田环境对棉花质量的影响程度：

棉田环境对棉花质量的影响	盐碱化	土壤板结	肥力	缺水	地膜残留	气温	降水	日照
影响程度（1很大；2一般；3无影响）								

四、农业生产经营组织状况

1. 您所在村庄的农业生产经营组织模式是？

①农户＋企业　②农户＋合作社＋企业　③农户＋市场　④其他模式

2. 您参与了上述哪个模式

①农户＋企业　②农户＋合作社＋企业　③农户＋市场　④其他模式

3. 您对参与模式的满意程度？

①很满意　②满意　③基本满意　④不太满意　⑤不满意

4. 如果不满意，您最愿意参与哪个模式？

①农户＋企业　②农户＋合作社＋企业　③农户＋市场　④其他模式

5. 您是否是"植棉生产领头人"？

①是　②否

6. 您是否参与土地流转？

①是　②否

7. 若参与流转，土地流转给谁了？

①种植大户　②家庭农场主　③合作社　④加工厂/纺织企业

8. 您所在村庄是否有合作社？

①有　②没有

9. 合作社是否与轧花厂/纺织企业签订合同？

①是　②否

10. 您是否参加合作社？

①是　②否

11. 如果您参加了合作社，您以何种方式加入？

①土地入社　②资金入社　③其他方式

12. 您是否与合作社签订合同？

①是　②否

13. 您是否将土地承包给合作社？

①是　②否

14. 若您将土地承包给合作社，您之后的生计活动是？

①加入合作组织依旧种棉花　②获取相应费用不种棉花　③在合作社打工

④进入加工厂/纺织企业等　⑤做小生意/跑运输

15. 您是通过什么渠道加入合作社的？

①村集体/村组织引导　②亲戚朋友介绍　③自己主动加入

④通过合作组织的宣传加入　⑤其他

16. 您加入合作社的最主要原因是？

①增加收入　②提高棉花质量　③降低生产成本

④可从事第三产业或进入纺织企业　⑤提供更多的植棉服务

17. 入社后，您认为下列哪些活动可以提高棉花质量（多选）？

①统一采购棉种　②统一采购化肥农药等农资　③组织植棉技术培训观摩

④提供棉花田间技术指导　⑤采用机械采摘

⑥组织关于棉农质量认知的培训

18. 您认为下列活动对提高棉花质量影响如何？

项　目	统一 采购棉种	统一 采购化肥农药	有田间 技术指导	统一 机械采摘	组织棉花 质量培训
对棉花质量的影响？ （1很大；2一般；3无影响）					

19. 加入合作社，您在哪些方面获益很大（多选）？

①统一棉花品种，规范植棉生产　②减少农资购买成本

③获得较多技术服务，提高了棉花品质　④集中销售，提高销售价格

⑤有力地抗拒市场及外在风险，生产经营有保障　⑥资金借贷便利

⑦信息获得更丰富准确

20. 按获益程度由大到小排列前5项_____。

21. 您对合作社的满意度？

①很满意　②满意　③基本满意　④不太满意　⑤不满意

22. 加入合作社，对您提高棉花质量认知的影响？

①非常小　②较小　③一般　④较大　⑤非常大

23. 加入合作社，对提升棉花产后品质的影响？

①非常小　②较小　③一般　④较大　⑤非常大

24. 如果您没有参与合作社，您未加入合作社的原因是？

①不知道农业生产经营合作组织　②本村没有农业生产经营合作组织

③当地有农业生产经营合作组织，但是不了解

④加入要缴纳费用，不合算　⑤加入合作社对提高棉花质量没有作用

⑥其他

25. 今后您是否愿意加入合作社？

①打算加入　②不打算加入　③没想过

五、植棉生产

1. 技术采用情况

项目	新品种技术	播种技术	测土配方技术	地膜覆盖技术	田间栽培管理	病虫害防治	科学施肥	节水灌溉技术	农药安全使用技术	机械采收技术	秸秆粉碎技术	地膜回收技术
是否熟知该技术（1是；2否）												
是否采用该技术（1是；2否）												
对棉花质量的影响程度？（1很大；2一般；3无影响）												

2. 您是否接受过与棉花质量相关的技术培训？

①是　②否

3. 每年接受与棉花质量相关的技术培训_____次。

4. 您是否采用新技术？

①采用　②未采用

5. 如果采用新技术，您采用新技术的途径是？

①政府农机部门推荐示范　②报刊杂志/电视上获取的方法

③向种田能手请教　④自己摸索总结　⑤上网查询　⑥其他

6. 您采用新技术的原因是？

①利于植棉生产　②操作便捷　③更实用　④可降低生产成本

7. 您看重新技术的哪些方面（多选）？

①政府宣传　②专职技术人员现场指导　③自己能否接受新技术的成本

④村干部是否带头采用　⑤先采用新技术的农户收益是否提高

⑥新技术难易程度

8. 请按照重要性列3项新技术_____。

9. 如果未采用新技术，您将来是否愿意采用？

①愿意 ②不愿意 ③看情况

10. 您将来愿意采用新技术的原因是？

①可以提高棉花质量 ②操作更方便 ③可以增加棉花产量

④他人采用新技术已取得部分成效，我也愿意采用

⑤有技术人员指导，使用新技术更容易

11. 您每年获得技术培训____次；县/乡里有没有派科技人员指导种棉花吗？

①有 ②没有

12. 如果有派科技人员指导，您会依据科技人员指导的技术种植吗？

①会 ②不会

13. 如果您"不会"依据科技人员的指导种植，其原因是？

①科技人员的技术不适用 ②没有专业的生产设备 ③其他

14. 若需要技术专家进行技术指导，您觉得哪种方式最好（多选）？

①农忙前进行技术宣传 ②有问题时可以打电话咨询 ③到乡农技站咨询

④到县农技站咨询 ⑤咨询村里农技员 ⑥找村里的种植大户或示范户

⑦以上都有

15. 您对技术服务的需求程度？

①不需要 ②有点需要 ③一般需要 ④非常需要 ⑤强烈需要

16. 如果有其他作物可获得很高且稳定的收入，您愿意放弃种植棉花吗？

①肯定愿意 ②基本愿意 ③不一定 ④不愿意 ⑤绝对不愿意

17. 您对棉花种植方面的政策及其实施有什么期望？

①希望政策不再变 ②希望政府多给市场引导结构调整

③希望多给新产品技术帮助

18. 您得到的棉花补贴价格是____元？您认为这个补贴价格如何？

①太少，起不到什么作用 ②可以，体现了政策对农民的关怀

③无所谓，有无补贴均要种地

19. 有了棉农补贴，您会增加面积加大投入吗？

①会 ②和以前差不多 ③不会 ④无所谓

20. 未来几年内是否考虑增加植棉面积？

①是 ②否

21. 您考虑增加植棉面积的原因（多选）？

①获得耕地容易 ②棉花价格上涨 ③有棉花补贴 ④有农业社会化服务供给 ⑤即将增加的耕地质量好 ⑥农业基础设施完备 ⑦资金充足 按重要

性排列前 3 项：_____。

22. 您是否了解棉花相关政策？

项目	棉花目标价格政策			农业供给侧结构性改革政策		乡村振兴
	在新疆的试点时间？(2014—2016 年)	2017—2019 年棉花目标价格水平？(每吨 18 600 元)	棉花价格的补贴方式	关于农产品质量的内容	建立棉花生产保护区	质量兴农战略的内容
(1 了解；2 不了解)						

图书在版编目（CIP）数据

新疆农户质量认知对其棉花生产行为影响研究 / 蒲娟，余国新著 . —北京：中国农业出版社，2024.6
ISBN 978-7-109-31180-0

Ⅰ.①新… Ⅱ.①蒲…②余… Ⅲ.①质量管理－影响－棉花－栽培技术－新疆 Ⅳ.①F762.26②S562

中国国家版本馆 CIP 数据核字（2023）第 189773 号

中国农业出版社出版

地址：北京市朝阳区麦子店街 18 号楼
邮编：100125
责任编辑：张　丽
版式设计：杨　婧　责任校对：吴丽婷
印刷：北京中兴印刷有限公司
版次：2024 年 6 月第 1 版
印次：2024 年 6 月北京第 1 次印刷
发行：新华书店北京发行所
开本：700mm×1000mm　1/16
印张：10
字数：190 千字
定价：78.00 元